U0142418

零基礎
C程式設計入門

數位新知 ──── 著

五南圖書出版公司 印行

序

　　C語言的前身是B語言，於1972年時由貝爾實驗室的Dennis Ritchie在PDP-11的UNIX作業系統上發展出來。後來包括眾所周知的開放原始碼作業系統──Linux 與微軟的Windows 作業系統都是以 C 所撰寫而成。為什麼C能有如此屹立不搖的優點，可以歸納出以下四項特點：具有硬體處理能力、高效率的編譯式語言、程式可攜性高及靈活的流程控制。

　　本書定位可以編寫出一本適合中學生的入門書，因此本書講述的內容以基礎語法為主，再導入一些簡單的流程控制、陣列與字串及函數基本觀念，期許學習者可以透過有趣且多樣的簡易範例小程式，輕鬆學會C程式語言的入門語法。本書精彩篇幅如下：

- 我的第一個C程式
- 變數與常數
- 基本資料型態
- 運算式與運算子
- 格式化輸出與輸入功能
- 流程控制
- 陣列與字串
- 函數

- C的標準函數庫

　　全書提供完整範例程式碼，希望降低初學者的學習障礙，除了上機練習之外，也安排了課後習題，可以驗收學習成效。因此，本書是一本非常適合作爲C語言的入門教材。

目錄

第一章

我的第一個 C 程式

現代日常生活的每天運作都必須仰賴電腦

對於一個有志於從事資訊專業領域的人員來說，程式設計是一門和電腦硬體與軟體息息相關的學科，稱得上是近十幾年來蓬勃興起的一門新興科學，更深入來看，程式設計能力已經被看成是國力的象徵，連教育部都將撰寫程式列入國高中學生必修課程，讓寫程式不再是資訊相關科系的專業，而是全民的基本能力。

程式設計能力已經被看成是國力的象徵

1-1 程式語言簡介

　　沒有所謂最好的程式語言，只有是否適合需求的程式語言，程式語言本來就只是工具，從來都不是重點。「程式語言」就是一種人類用來和電腦溝通的語言，也是用來指揮電腦運算或工作的指令集合，可以將人類的思考邏輯和意圖轉換成電腦能夠了解與溝通的語言。

人類和電腦之間溝通的橋梁就是程式語言，否則就變成雞同鴨講

　　程式語言發展的歷史已有半世紀之久，由最早期的機器語言發展至今，已經邁入到第五代自然語言。

1-1-1 機器語言

　　機器語言（Machine Language）是由1和0兩種符號構成，是最早期的程式語言，也是電腦能夠直接閱讀與執行的基本語言，也就是任何程式或語言在執行前都必須先行被轉換為機器語言。機器語言的撰寫相當不方便，而且可讀性低也不容易維護，機器語言如下：

```
10111001（設定變數A）
00000010（將A設定為數值2）
```

1-1-2 組合語言

　　組合語言（Assembly Language）是一種介於高階語言及機器語言間的符號語言，比起機器語言來說，組合語言較容易編寫和學習，不同CPU要使用不同的組合語言。例如MOV指令代表設定變數內容、ADD指令代表加法運算、SUB指令代表減法運算，如下所示：

```
MOV A, 2（變數A的數值內容為2）
ADD A, 2（將變數A加上2後，將結果再存回變數A中，如A=A+2）
SUB A, 2（將變數A減掉2後，將結果再存回變數A中，如A=A-2）
```

1-1-3 高階語言

　　高階語言（High-level Language）是相當接近人類使用語言的程式語言，雖然執行較慢，但語言本身易學易用，因此被廣泛應用在商業、科學、教學、軍事等相關的軟體開發上，特點是必須經過編譯（Compile）

或解譯（interpret）的過程，才能轉換成機器語言碼。

Tips

　　所謂編譯，是使用編譯器來將程式碼翻譯為目的程式（Object Code），例如：C、C++、Java、Visual C++、Fortran等語言都是使用編譯的方法。至於解譯則是利用解譯器（Interpreter）來對高階語言的原始程式碼做逐行解譯，所以執行速度較慢，例如Python、Basic、Lisp等語言皆使用解譯的方法。

　　我們將針對近數十年來相當知名的高階語言來做介紹。請看下表簡述：

程式語言	說明與特色
Fortran	第一個開發成功的高階語言，主要專長在於處理數字計算的功能，常被應用於科學領域的計算工作
COBOL	是早期用來開發商業軟體最常用的語言
Ada	是一種大量運用在美國國防需要的語言
Pascal	是最早擁有結構化程式設計概念的高階語言，目前的Object-Pascal則加入了物件導向程式設計的概念
Prolog	人工智慧語言，利用規則與事實（Rules and Facts）的知識庫來進行人工智慧系統的開發，例如專家系統常以Prolog進行開發
Lisp	為最早的人工智慧語言，和Prolog一樣也可以用來進行人工智慧系統的開發。這種程式語言的特點之一是程式與資料都使用同一種表示方式，並以串列為主要的資料結構，適合作為字串的處理工作

程式語言	說明與特色
C++	C++主要是改良C語言而來，除了保有C語言的主要優點外，並將C語言中較容易造成程式撰寫錯誤的語法加以改進，導入物件導向程式設計（Object-oriented Programming）的概念
Java	昇陽（SUN）參考C/C++特性所開發的新一代程式語言，它標榜跨平台、穩定及安全等特性，主要應用領域為網際網路、無線通訊、電子商務，它也是一種物件導向的高階語言
Basic	方便初學者的學習使用，並不注重結構化及模組化的設計概念
Visual Basic	視覺化的Basic開發環境，並加入了物件導向程式語言的特性
C#	C#（#唸作Sharp）是一種.NET平台上的程式開發語言，可以用來開發各式各樣可在.NET平台上執行的應用程式
Python	Python開發的目標之一是讓程式碼像讀本書那樣容易理解，也因為簡單易記、程式碼容易閱讀的優點，優點包括物件導向、直譯、跨平台等特性，加上豐富強大的套件模組與免費開放原始碼，各種領域的使用者都可以找到符合需求的套件模組

Tips

　　積木式語言就是設計者可以使用拖曳積木的方式組合出程式，使用圖形化的拼塊積木來做堆疊鑲嵌，讓使用者可以透過控制、邏輯、數學、本文、列表、顏色、變數、過程等類型的程式積木來堆疊設置或控制角色及背景的行動和變化來開發程式，不用擔心會像學習其它程式語言因為不熟悉語法而導致Bug（臭蟲）發生。例如Scratch就是用玩的方式寫程式的高階語言。

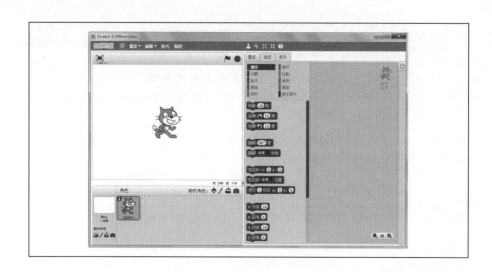

1-1-4 非程序性語言

非程序性語言（Non-procedural Language）也稱為第四代語言，特點是它的敘述和程式與眞正的執行步驟沒有關聯。程式設計者只需將自己打算做什麼表示出來即可，而不需去理解電腦是如何執行的。資料庫的結構化查詢語言（Structured Query Language，簡稱SQL）就是第四代語言的一個頗具代表性的例子。例如以下是清除資料命令：

```
DELETE FROM employees
  WHERE employee_id = 'C800312' AND dept_id = 'R01'；
```

1-1-5 人工智慧語言

人工智慧語言稱為第五代語言，或稱為自然語言，其特性宛如和另一個人對話一般。由於自然語言使用者口音、使用環境、語言本身的特性（如一詞多義）都會造成電腦在解讀時產生不同的結果與自然語言辨識上的困難度，因此自然語言的發展必須搭配人工智慧來進行。

CHAPTER

1

Tips

　　人工智慧（Artificial Intelligence, AI）的概念最早是由美國科學家John McCarthy於1955年提出，目標為使電腦具有類似人類學習解決複雜問題與展現思考等能力，舉凡模擬人類的聽、說、讀、寫、看、動作等的電腦技術，都被歸類為人工智慧的可能範圍。

機器人是人工智慧最典型的應用

1-2 演算法與流程圖

　　演算法（Algorithm）是程式設計領域中最重要的關鍵，常常被使用為設計電腦程式的第一步，演算法就是一種計畫，這個計畫裡面包含解決問題的每一個步驟跟指示。

CHAPTER

1

搜尋引擎也必須藉由不斷更新演算法來運作

日常生活中也有許多工作都可以利用演算法來描述，例如員工的工作報告、寵物的飼養過程、廚師準備美食的食譜、學生的功課表等，以下就是一個學生小華早上上學並買早餐的簡單文字演算法：

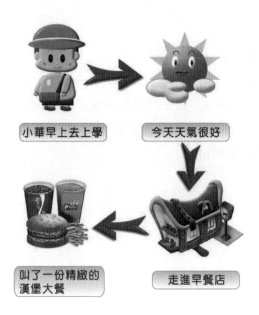

　　流程圖（Flow Diagram）則是一種程式設計領域中最通用的演算法表示法，必須使用某些特定圖型符號。為了流程圖之可讀性及一致性，目前通用美國國家標準協會（ANSI）制定的統一圖形符號。以下說明一些常見的符號：

流程圖就是一個程式設計前的規劃藍圖

名稱	說明	符號
起止符號	表示程式的開始或結束	
輸入／輸出符號	表示資料的輸入或輸出的結果	
程序符號	程序中的一般步驟，程序中最常用的圖形	
決策判斷符號	條件判斷的圖形	
文件符號	導向某份文件	

名稱	說明	符號
流向符號	符號之間的連接線，箭頭方向表示工作流向	↓　→
連結符號	上下流程圖的連接點	◯

例如請各位畫出輸入一個數值，並判別是奇數或偶數的流程圖。

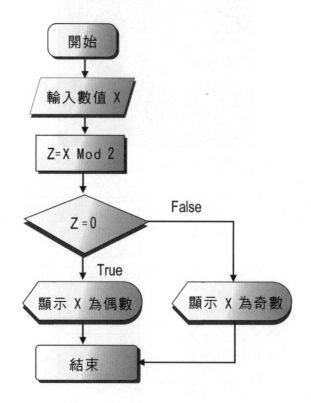

1-3 C語言簡介

　　C語言的前身是B語言，於1972年時由貝爾實驗室的Dennis Ritchie在PDP-11的UNIX作業系統上發展出來。最初的目的主要是作為開發UNIX作業系統的工具，由於C使得UNIX作業系統開發難度降低且進行順利，所以也開始應用在其它的程式設計領域。後來包括眾所周知的開放原始碼作業系統——Linux與微軟的Windows作業系統都是以C所撰寫而成。為什麼C能有如此屹立不搖的優點，可以歸納出以下四項特點。

1-3-1 具有硬體處理能力

　　C語言經常被程式設計師們稱為「中階語言」，原因是C語言不但具有高階語言的親和力，容易開發、閱讀、除錯與維護，而且C的程式碼中允許開發者加入低階組合語言程式，使得C程式更能夠直接控制與存取硬體系統，一直都是開發作業系統的主力底層語言，例如連單晶片（如：8051）、嵌入式系統或硬體驅動程式的開發，也都可以使用C語言來設計。

1-3-2 高效率的編譯式語言

　　任何程式撰寫的目的，都是為了執行的結果，因此都必須轉換成機器語言。以編譯語言來說，是屬於先苦後甘型，例如C、C++、Pascal、Fortran語言都是屬於編譯語言。各位辛苦寫完的原始程式，可不能馬上就執行，必須使用編譯器（Compiler）經過數個階段處理，才能轉換為機器可讀取的可執行檔（.exe），而且原始程式每修改一次，就必須重新編譯一次。

1-3-3 程式可攜性高

　　自從美國國家標準局（American National Standard Institution）爲C語言訂定了一套完整的國際標準語法，稱爲ANSI C之後，許多系統平台上紛紛發展了C的編譯器，如MS-DOS、Windows系列作業系統、UNIX/Linux，甚至Mac系列系統等等，讓C具備了相當強的可攜性（Portability），就是說利用C所發展出來的軟體，只要稍作修改就能立刻搬到別的作業系統上運作。

1-3-4 靈活的流程控制

　　C的語法不但嚴謹簡潔，而且在設計上具有高階語言的結構化流程控制與模組化特性，更可以利用函數（Function）與運算子（Operator）來增加程式碼的可讀性，還具有功能強大的函式庫（Library），節省程式設計師重新撰寫程式碼的原因，也讓程式碼較容易除錯和維護。

1-4 C程式初體驗

　　許多人一聽到程式設計，可能早就嚇得手腳發軟，大家千萬不要自己嚇自己，C語言就是一種人類用來指揮電腦工作的指令集合，裡面會使用到的保留字（Reserved Word）最多不過數十個而已。以筆者多年從事程式語言的教學經驗，對一個語言初學者的心態來說，就是不要廢話太多，如同我們學習游泳一樣，跳下水就知道，趕快讓他從無到有，實際跑出一個程式最爲重要，許多高手都是寫多了就越來越厲害。

寫程式就像學游泳一樣，多練習最重要

　　各位要著手開始設計C程式前，首先只要找個可將程式的編輯、編譯、執行與除錯等功能畢其同一操作環境下的「整合開發環境」（Integrated Development Environment, IDE）即可畢其功於一役。由於C語言相當受到各界的歡迎，市場上有許多家廠商陸續開發了許多C語言的IDE，如果各位是C的初學者，又想學好C語言，本書中所使用的免費Dev-C++就是一個不錯的選擇。

1-4-1 Dev-C++下載與簡介

　　原本的Dev-C++已停止開發，改為發行非官方版，Owell Dev-C++是一個功能完整的程式撰寫整合開發環境和編譯器，也是屬於開放原始碼（Open-source Code），專為設計C/C++語言所設計，這套免費且開放原始碼的Orwell Dev-C++的下載網址如下：

http://orwelldevcpp.blogspot.tw/

當各位下載「Dev-Cpp 5.11 TDM-GCC 4.9.2 Setup.exe」安裝程式完畢後，可以在所下載的目錄用滑鼠左鍵按兩下這個安裝程式，就可以啓動安裝過程，首先會要求選擇語言，此處請先選擇「English」：

接著在下圖中按下「I Agree」鈕：

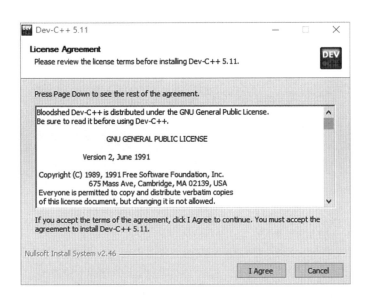

進入下圖視窗選擇要安裝的元件，請直接按下「Next」鈕：

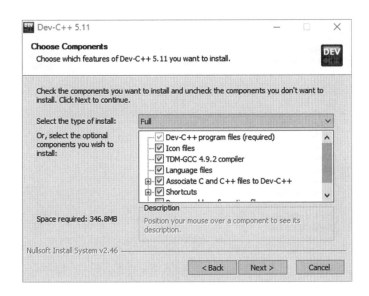

之後會被要求決定要安裝的目錄，其中「Browse」可以更換路徑，如果採用預設儲存路徑，請直接按下「Install」鈕。

CHAPTER

1

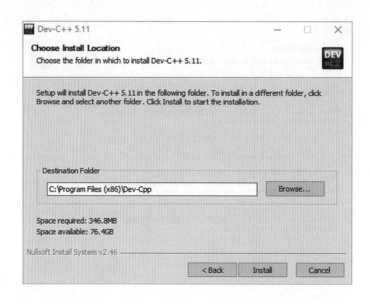

接著就會開始複製要安裝的檔案：

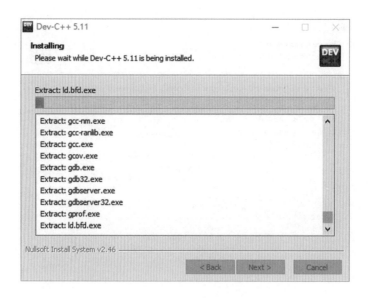

當您檢視到下圖的畫面時，就表示安裝成功。

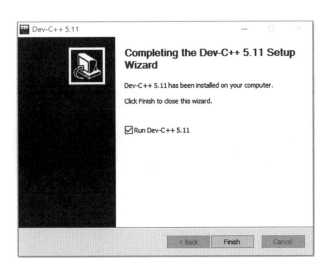

1-4-2 Dev C++工作環境

安裝完畢後，請在Windows作業系統下的開始功能表中執行「Blood-shed Dev C++/Dev-C++」指令進入主畫面。如果你的主畫面的介面是英文版，可以執行「Tools/Environment Options」指令，並於下圖中的「Language」設定為中文模式「Chinese(TW)」：

更改完畢後，就會出現繁體中文的介面：

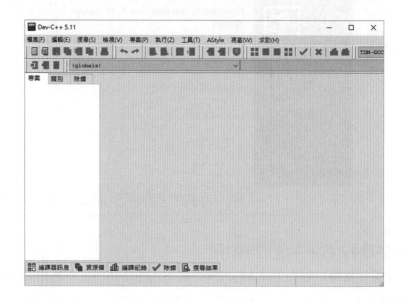

1-4-3 撰寫程式碼

從編輯與撰寫一個C的原始程式到讓電腦跑出程式結果，一共要經過「編輯」、「編譯」、「連結」、「載入」與「執行」五個階段。看起來有點麻煩，實際上很簡單。首先我們要開啟一個新檔案來撰寫程式的原始碼，請執行「檔案 / 開新檔案 / 原始碼」指令或是直接按

「原始碼」鈕，就會開啟新檔案，如下圖畫面：

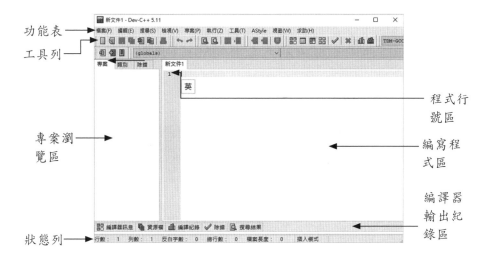

功能表 ←

工具列 ←

專案瀏覽區 ←

狀態列 ←

→ 程式行號區

→ 編寫程式區

→ 編譯器輸出紀錄區

Dev C++擁有很視覺化的視窗編輯環境，會將程式碼中的字串、指令與註解分別標示成不同顏色，這個功用讓程式碼的編寫修改或除錯容易很多。接著請在Dev C++的編寫程式區中，一字不漏地輸入如下C程式碼，請注意！C語言是有區分大小寫字母：

【範例：**CH01_01.c**】Hello World

```
01 #include <stdio.h>
02 #include <stdlib.h>
03
04 int main(void)
05 {
06      printf("我的Hello World程式!\n");/* 輸出字串 */
07
08      return 0;
09 }
```

如下圖所示：

CHAPTER

1

　　鍵入完程式碼後,按下「儲存檔案」鈕,並決定存檔路徑、檔名
(我們將檔案儲存為CH01_01),並以.c為副檔名。如果這個檔是全新檔
案,而且尚未存檔,Dev C++會提醒你要先將該檔案存檔:

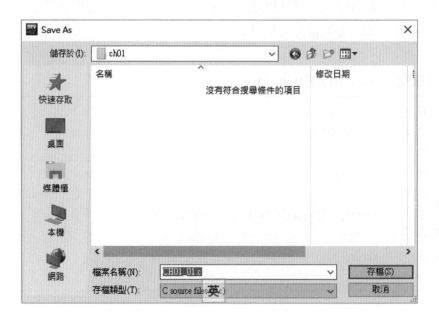

1-4-4 程式碼編譯與執行

　　接下來就要開始執行編譯過程，編譯階段其實包括了「編譯」、「連結」兩個步驟，通常如果沒有語法錯誤的問題，就會形成一個「.exe」的可執行檔。請按下工具列中的編譯按鈕 ⊞ 或執行「執行 / 編譯」指令，如果編譯成功，表示成功產生了「.exe」的可執行檔，當各位按下任意鍵會重新回到編輯環境。

　　接下來請各位執行「執行 / 執行」指令、按下「執行鈕」 ▣ 或者按下「F10」鍵，將會看到如下圖的執行結果，當再按下任意鍵後就會回到 Dev C++的編輯環境：

```
我的Hello World程式!

------------------------------------
Process exited after 0.3648 seconds with return value 0
請按任意鍵繼續 . . . ■
```

1-4-5 程式碼的除錯

　　當各位發生錯誤訊息時，千萬不要大驚小怪。除錯（Debug）是進行程式設計的工作時無法避免的情況，通常可以分語法錯誤與邏輯錯誤兩種。所謂語法錯誤是設計者未依照程式語言的語法與格式撰寫，造成編譯器解讀時所產生的錯誤。各位可以發現Dev C++編譯時會自動偵錯，並在下方呈現出錯誤訊息，只要加以改正，再重新編譯即可：

CHAPTER

1

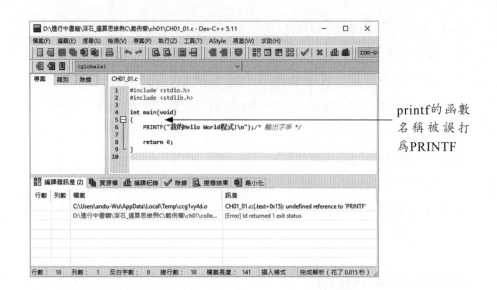

printf的函數
名稱被誤打
為PRINTF

如果是邏輯上的錯誤，那就比較麻煩了。主要的情況是執行時卻無法和預期的結果相符合，因為程式碼完全符合語言層面的規定，Dev C++也沒有辦法直接顯示錯誤所在，這就是考驗設計者的功力了，通常是讓程式一步一步地執行，抽絲剝繭地找出問題所在。

1-5 速學程式碼解析

由於C的指令撰寫是具有自由化格式（Free Format）精神，可以自由安排程式碼位置，每一行指令（Statement）是以「;」作為結尾與區隔。在同一行指令中，對於完整不可分割的單元稱為字符（Token），兩個字符間必須以空白鍵、tab鍵或輸入鍵來區隔。範例程式CH01_01.c的用途，只是列印出"我的Hello World程式!"這行字。接下來我們將針對以上CH01_01.c範例程式中相關的指令與架構簡單說明：

```
01 #include <stdio.h>
02 #include <stdlib.h>
03
04 int main(void)
05 {
06        printf("我的Hello World程式!\n");/* 輸出字串 */
07
08        return 0;
09 }
```

1-5-1 main()函數的功用

　　C是一種相當符合模組化（Module）設計精神的語言，簡單來說，C程式本身就是由各種函數所組成。所謂函數，就是具有執行特定功能的指令集合，我們可以自行建立函數，或者直接使用C中方便的標準函數庫，例如main()函數或printf()函數都是C中所提供的標準函數。

　　通常函數主體是以一對大括號{與}來定義，在函數主體的程式區段中，可以包含多行程式指令（statement），而每一行程式敘述要以「;」結尾。最簡單的C程式就是以main()函數為主體，可以如下定義：

```
int main( )

{
                  ◀────── 完全無任何的指令
}
```

　　main()函數代表著任何C程式的進入點，任何一個C程式開始執行時，不論這程式有多大的規模，系統也一定會先從main()函數開始執行。

　　函數前的型態宣告是表示函數執行完的傳回值型態，例如int main()就是傳回值為整數型態。如果函數不傳回值，則設定其資料型態為

「void」。不過括號中如果使用void，是代表這個函數中並沒有傳遞任何引數，或者也可以直接以空白括號()表。例如可以宣告成以下兩種方式：

```
void main(void)
void main()
```

例如以下兩種方式都可以：

```
int main(void)
int main()
```

如果函數具有傳回值，則必須在函數定義中使用return指令來回傳對應函數的整數值，如果是回傳0，表示停止執行程式並且將控制權還給作業系統，例如第8行return指令。

1-5-2 含括標頭檔

C程式本身是一種函數的組合，最大的好處就是還內建了許多標準函數供程式設計者使用，這些函數被分門別類放置於副檔名為「.h」的不同標頭檔中。只要透過「#include」指令，就可以將相關的標頭檔「包含」（include）進來你的程式中使用。

各位看範例第一行中的#include <stdio.h>，就是把儲存C中標準輸出入函數的stdio.h檔含括進來，例如printf()函數就是定義在stdio.h檔中。以下列出常見的C內建標頭檔供做參考：

標頭檔	說明
<math.h>	包含數學運算函數
<stdio.h>	包含標準輸出入函數

標頭檔	說明
\<stdlib.h>	標準函數庫，包含各類基本函數
\<string.h>	包含字串處理函數
\<time.h>	包含時間、日期的處理函數

1-5-3 printf()函數與註解

　　第06行中呼叫了printf()這個C的內建函數，這個printf()就是C語言的主要輸出函數指令，會將括號中引號「"」內的字串輸出到螢幕上，而其中「\n」則是一種具有換行功用的控制字元，會告訴編譯器在printf()函數輸出"Hello World程式"之後必須換行，螢幕上我們會看到游標移到下一行的開端。

　　至於第06行中/*輸出字串*/是C的註解（Comment），在C中，主要是以「/*」與「*/」記號來包圍註解的文字，編譯器不會對這些文字進行編譯，可以出現在程式的任何位置，註解也能夠跨行使用。如下所示：

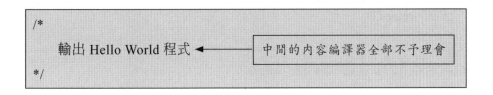

　　註解的功用不僅可以幫助其它程式設計師了解內容，在日後進行程式維護與修訂時，也能夠省下不少時間成本，讓程式更具有可讀性。

本章課後評量

1. C語言有哪些特色與優點？試說明之。

2. 何謂直譯式語言？試說明之。

3. 美國國家標準協會（ANSI）為何要制定一個標準化的C語言？

4. 何謂「整合性開發環境」（Integrated Development Environment, IDE）？

5. 下列的程式碼，在語法上有哪些錯誤？

```
01 #include <stdio.h>
02 #include <stdlib.h>
03
04 int main(void)
05 {
06    printf(' Hello 你好!\n ');/* 呼叫printf()函數 */
07
08    system("pause");
09    return 0;
10 }
```

6. 請問底下的敘述是否為一合法的指令？

```
printf("C程式初體驗!!\n"); system("pause")
; return 0;
```

7. 試說明main()函數的功用。

8. 如何在程式碼中使用標準程式庫所提供的功能？

第二章

變數與常數

　　電腦主要的功能就是擁有強大的運算能力，將外界所得到的資料輸入電腦，並透過程式來進行運算，最後再輸出所要的結果。C語言中最基本的資料處理對象就是變數（Variable）與常數（Constant），主要的用途就是儲存資料。

變數與常數就像是程式中用來存放資料的盒子

　　不論是變數或常數，都必須事先宣告一個對應的資料型態（Data Type），並在記憶體中保留一塊區域供其使用，兩者之間最大的差別在於變數的值可以改變，而常數的值則固定不變。

2-1 變數

　　變數（Variable）是程式語言中最基本的角色，也就是在程式設計中由編譯器所配置的一塊具有名稱的記憶體，用來儲存可變動的資料內容。當程式需要存取某個記憶體的資料內容時，就可透過變數將資料由記憶體中取出或寫入。

變數就像齊天大聖孫悟空一樣，儲存的資料值可以變來變去

　　當C變數宣告時，必須先以資料的型態來作為宣告變數的依據及設定變數名稱。基本上，變數具備了四個形成要素：

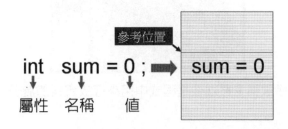

1. 名稱：變數本身在程式中的名字，必須符合C中識別字的命名規則及可讀性。
2. 值：程式中變數所賦予的值。

> 3. 參考位置：變數在記憶體中儲存的位置。
>
> 4. 屬性：變數在程式的資料型態，如所謂的整數、浮點數或字元。

　　正確的變數宣告方式是由資料型態加上變數名稱與分號所構成，而變數名稱各位可以自行定義，並且區分為宣告後再設值與宣告時設值兩種方式：

> 資料型態 變數名稱1, 變數名稱2, …… , 變數名稱n;
> 資料型態 變數名稱=初始值;

　　例如以下兩種宣告方式：

> int a;　　　　/*宣告變數a，暫時未設值*/
> int b=12;　/*宣告變數b 並直接設定初值為12*/

　　在此我們要特別說明，變數的命名必須由「英文字母」、「數字」或者下底線「_」所組成，不過開頭字元可以是英文字母或是底線，但不可以是數字，也不可以使用-,*$@…等符號或空白字元。變數名稱必須區分大小寫字母，例如Tom與TOM會視為兩個不同的變數。當然也不能使用與保留字相同的命名C中共定義有三十二個關鍵字（Key Word），在Dev C++中會以粗黑體表示：

auto	break	case	char
const	continue	default	do
double	else	enum	extern
float	for	goto	if

int	long	register	return
short	signed	sizeof	static
struct	switch	typedef	union
unsigned	void	volatile	while

宣告變數時，一定要先命名

　　通常為了程式可讀性，我們建議對於一般變數宣告習慣是以小寫字母開頭表示，如name、address等，而常數則是大寫字母開頭與配合底線 "_"，如PI、MAX_SIZE。以下是合法與不合法的變數名稱比較：

合法變數名稱	不合法變數名稱
abc	@abc,5abc
_apple,Apple	dollar$,*salary
structure	struct

【範例：CH02_01.c】

　　以下的程式範例是利用六個變數來說明兩種不同的變數宣告方式。

```
01 #include <stdio.h>
02 #include <stdlib.h>
03
04 int main(void)
05 {
06
07     int a,b,c;
08
09     a=1;
10     b=2;
11     c=3; /* 第一種變數宣告方式 */
12
13     int d=4,e=5,f=6; /* 第二種變數宣告方式 */
14
15     printf("%d %d %d\n",a,b,c);
16     printf("%d %d %d\n",d,e,f);
17
18     return 0;
19 }
```

【執行結果】

```
1 2 3
4 5 6

-------------------------------
Process exited after 0.334 seconds with return value 0
請按任意鍵繼續 . . .
```

【程式解說】

　　第9～11行以第一種變數宣告方式宣告了a,b,c三個變數，並分別指定其初始值。第13行以第二種變數宣告方式宣告了d,e,f三個變數，並在同一行中利用(,)號來同時宣告相同資料型態的多個變數，並指定各個變數的初始值（也可以不指定）。第15～16行利用printf()函數輸出a,b,c,d,e,f六個變數的值，其中也使用到了"%d"格式碼，功用是作爲表示以十進位整數格式來輸出相對應的變數值。

　　如果各位想知道這種資料型態到底占用了幾個位元組，可以利用C中的關鍵字sizeof運算子來查詢，例如旅館的房間有不同的等級，就像是屬於不同的資料型態一般，最貴的等級價格自然高，當然房間也較大，就像是有些資料型態所占的位元組較多。

不同資料型態就像是旅館中不同等級的房間一樣

　　在C語言中各位可以使用sizeof()函數來顯示出各種資料型態宣告後識別字的資料長度，而這個函數就放在stdio.h標頭檔中。使用格式如下：

```
sizeof(識別字名稱);
```

下面語法可以查詢變數或常數占用多少位元組：

```
sizeof 變數名稱;
sizeof(變數名稱);
```

【範例：**CH02_02.c**】

以下程式範例就是利用sizeof運算子來查詢與輸出整數變數my_variable與int型態所占用的位元組數目。

```
01 #include<stdio.h>
02 #include<stdlib.h>
03
04 int main(void)
05 {
06     int my_variable=100; /*宣告 my_variable為整數型態*/
07
08     /* 可以不加括號 */
09     printf( "my_variable的資料長度 = %d位元組\n",sizeof my_variable);
10     /* 必須加上括號 */
11     printf( "整數型態的資料長度 = %d位元組\n",sizeof(int));
12
13     return 0;
14 }
```

【執行結果】

```
my_variable的資料長度 = 4位元組
整數型態的資料長度 = 4位元組

-----------------------------------
Process exited after 0.1393 seconds with return value 0
請按任意鍵繼續 . . . ■
```

【程式解說】

第6行宣告my_variable為整數型態，並指定其初始值為100。第9行利用sizeof運算子以不加括號的方式輸出my_variable的資料長度。第11行利用sizeof運算子以加上括號的方式輸出整數型態（int）的資料長度。

2-2 常數

常數是指程式在執行的整個過程中，不能被改變的數值。例如整數常數45、-36、10005、0，或者浮點數常數：0.56、-0.003、1.234E2等等。在C中，如果是字元常數時，還必須以單引號（"）括住，如'a'、'c'。當資料為字串時，必須以雙引號（""）括住字串，例如："apple"、"salary"等，都算是一種字面常數（Literal Constant）。

168.38是一種浮點數常數

常數識別字的命名規則與變數相同，我們稱為「定義常數」（Symbolic Constant），定義常數可以放在程式內的任何地方，但是一定要先宣告定義後才能使用。請利用保留字const和利用前置處理器中的#define指令來宣告自訂常數。宣告語法如下：

> 方式1: const 資料型態 常數名稱=常數值;
>
> 方式2: #define 常數名稱 常數值

請各位留意，由於#define為一巨集指令，並不是指定敘述，因此不用加上「=」與「;」。以下兩種方式都可定義常數：

> const int radius=10;
>
> #define PI 3.14159

Tips

所謂巨集（Macro），又稱為「替代指令」，主要功能是以簡單的名稱取代某些特定常數、字串或函數，善用巨集可以節省不少程式開發的時間。

以下程式範例中，我們要示範如何利用巨集指令#define與const關鍵字來定義與使用「定義常數」來計算圓面積。

【範例：CH02_03.c】

```
01 #include<stdio.h>
02 #include<stdlib.h>
03
04 #define PI 3.14159  /*以巨集指令#define 宣告PI為3.14159*/
05
06 int main()
07 {
08
09     const int radius =10 ; /*const 宣告與設定圓半徑常數 */
```

```
10
11        printf("圓的半徑為=%d ,面積為=%f \n",radius,radius*radius*PI);
12        /* 輸出圓半徑與計算圓面積 */
13
14        return 0;
15 }
```

【執行結果】

```
圓的半徑為=10 ,面積為=314.159000
------------------------------------------
Process exited after 0.1365 seconds with return value 0
請按任意鍵繼續 . . .
```

【程式解說】

　　第4行以巨集指令#define宣告PI為3.14159。第9行以const關鍵字宣告與設定圓半徑常數radius。第11行利用printf()函數輸出常數radius的值與直接利用PI與radius來計算圓面積值，其中使用到了"%f"格式碼，它的功用是作為表示以浮點數格式來輸出相對應的變數值。

本章課後評量

1. 何謂變數，何謂常數？

2. 試簡述變數命名必須遵守哪些規則？

3. 變數具備了哪四個形成要素？

4. 當使用#define來定義常數時，程式會在編譯前先進行哪些動作？

5. C的字元常數與字串必須如何表示？

6. 什麼是關鍵字（Key Word）？

第三章

基本資料型態

　　程式在執行過程中，不同資料會利用不同大小的空間來儲存，每種程式語言都擁有略微不同的基本資料型態，因此有了資料型態（Data Type）的規範。C的基本資料型態，可以區分為三種，分別是整數、浮點數和字元資料型態。不同的資料型態所占空間大小不同，往往也會因為電腦硬體與編譯器的位元數不同而有差異。

每種程式語言都有不同的基本資料型態

CHAPTER

3

3-1 整數

整數資料型態是用來儲存不含小數點的數值資料

　　整數資料型態是用來儲存不含小數點的數值資料，跟數學上的意義相同，如-1、-2、-100、0、1、2、100等。在Dev C++中宣告為int的變數占了四個位元組。如果依據其是否帶有正負符號來劃分，可以分為「有號整數」（Signed）及「無號整數」（Unsigned）兩種，更可以資料所占空間大小來區分，則有「短整數」（Short）、「整數」（Int）及「長整數」（Long）三種類型。

　　下表列出了C中各種整數資料型態宣告、長度及數值的大小範圍。各位可以發現，當int型態前加上unsigned修飾詞，表示該變數只能儲存正整數的資料，就是無號整數：

資料型態	長度（位元組）	數值表示範圍	補充說明
signed short int	2 byte	-32,768～32,767	可省略int，簡寫為short
signed int	4 byte	-2,147,483,648～2,147,483,647	可簡寫為int

資料型態	長度（位元組）	數值表示範圍	補充說明
signed long int	4 byte	-2,147,483,648～2,147,483,647	可省略int，簡寫為long
unsigned short int	2 byte	0～65,535	可省略int，簡寫為unsigned short
unsigned int	4 byte	0～4,294,967,295	可簡寫為un-signed
unsigned long int	4 byte	0～4,294,967,295	可省略int，簡寫為unsigned long

CHAPTER

3

【範例：CH03_01.c】

　　以下這個程式範例分別使用了不同整數修飾詞宣告變數，並利用sizeof運算字來顯示這些整數變數的長度與輸出結果。

```
01 #include<stdio.h>
02 #include <stdlib.h>
03
04 int main()
05 {
06     long int no1=123456UL;/*宣告長整數*/
07     unsigned short no2=9786;/*宣告無號短整數*/
08     int no3=5678; /*宣告整數*/
09
10     /* 輸出各種整數變數與所占位元組 */
11     printf("長整數為: %d  占了 %d 位元組\n",no1,sizeof no1);
12     printf("無號長整數為: %d  占了 %d 位元組\n",no2,sizeof no2);
13     printf("整數為: %d  占了 %d 位元組\n",no3,sizeof no3);
14
15     return 0;
16 }
```

【執行結果】

```
長整數為: 123456  佔了 4 位元組
無號長整數為: 9786   佔了 2 位元組
整數為: 5678  佔了 4 位元組
_____
Process exited after 0.1211 seconds with return value 0
請按任意鍵繼續 . . .
```

【程式解說】

　　第6行宣告no1為長整數，並指定初始值。第7行宣告no2為無號短整數，並指定初始值。第8行宣告no3為整數，並指定初始值。第11～13行利用printf()函數與sizeof運算字輸出no1、no2與no3的值及占有多少位元組。

　　C中對於八進位整數的表示方式，可以在數字前加上數值0，例如073，也就是表示十進位的59。而在數字前加上「0x」（零x）或「0X」表示C中的十六進位表示法。例如no變數設定為整數80，我們可利用下列三種不同進位方式來表示：

```
int no=80;       /* 十進位表示法 */
int no=0120;     /* 八進位表示法 */
int no=0x50;     /* 十六進位表示法 */
```

二進制	八進制	十進制	十六進制
0	0	0	0
1	1	1	1
10	2	2	2
11	3	3	3
100	4	4	4
101	5	5	5
110	6	6	6
111	7	7	7
1000	10	8	8
1001	11	9	9
1010	12	10	A
1011	13	11	B
1100	14	12	C
1101	15	13	D
1110	16	14	E
1111	17	15	F

二、八、十、十六進位數字系統對照圖表

【範例：CH03_02.c】

　　以下程式中利用三種不同的數字系統來設定變數的初始值，各位可以觀察使用的方式及輸出後的結果。

```
01 #include <stdio.h>
02 #include <stdlib.h>
03
04 int main(void)
05 {
06
07     int Num=100;        /* 以10進位設定整數變數 */
08     int OctNum=0200;  /* 以8進位設定短整數變數 */
09     int HexNum=0x33f; /* 以16進位設定整數變數 */
10
11     printf("Num=%d\n",Num); /* 以10進位輸出 */
```

```
12      printf("OctNum=%o\n",OctNum); /* 以8進位輸出 */
13      printf("HexNum=%x\n",HexNum); /* 以16進位輸出 */
14
15      return 0;
16 }
```

【執行結果】

```
Num=100
OctNum=200
HexNum=33f

------------------------------------
Process exited after 0.1298 seconds with return value 0
請按任意鍵繼續 . . .
```

【程式碼說明】

　　第12～13行中我們又使用了兩個格式化字元%o與%x，主要是用來輸出八進位與十六進位的數字，這就是格式化字元好用的地方，不過眼尖的讀者會發現執行結果中開頭的「0」或「0x」都不見了。

3-2 浮點數

　　浮點數（Floating Point）資料型態指的就是帶有小數點的數字，也就是數學上所指的實數（Real Number）。由於整數所能表現的範圍與精確度顯然不足，這時浮點數就相當有用了。在C中，浮點數型態區分為下兩種，主要差別在可表現的數值範圍大小不同：

資料型態	長度	數值範圍	說明
float	4 Byte	$1.2*10^{-38}$～$3.4*10^{+38}$	單精度浮點數，有效位數7～8位數
double	8 Byte	$2.2*10^{-308}$～$1.8*10^{+308}$	倍精度浮點數，有效位數15～16位數

我們知道在C中浮點數預設的資料型態為double，因此在指定浮點常數值時，可以在數值後方加上「f」或「F」，將數值轉換成單精度浮點數型態，這種對記憶體「當省則省」的觀念，是會增加程式的效能。將變數宣告為浮點數型態的方法如下：

```
float 變數名稱;
  或
float 變數名稱=初始值;
double 變數名稱;
  或
double 變數名稱=初始值;
```

浮點數的表示方法除了一般帶有小數點的方式，另一種是稱為科學記號的指數方式，例如3.14、-100.521、6e-2、3.2E-18等。其中e或E是代表C中10為底數的科學符號表示法。例如6e-2，其中6稱為假數，-2稱為指數。下表為小數點表示法與科學符號表示法的互換表：

小數點表示法	科學符號表示法
0.06	6e-2
-543.236	-5.432360e+02
1234.555	1.234555e+03

CHAPTER

3

小數點表示法	科學符號表示法
-51200	5.12E4
-0.0001234	-1.234E-4

　　不論是單精度或倍精度浮點數，當以printf()函數輸出時，輸出的格式化字元都是%f格式化字元，不過如果是打算以科學記號方式輸出，則格式化字元為%e。

【範例：CH03_03.c】

　　以下程式範例中我們將分別以%f與%e兩種格式化字元來輸出單精度與倍精度浮點數。

```
01 #include <stdio.h>
02 #include <stdlib.h>
03
04 int main(void)
05 {
06
07     float f1=456.78F;        /*以單精度型態宣告,數值後方加上F*/
08     double f2=123.90123;    /*以倍精度型態宣告 */
09
10     printf("f1=%f\n",f1);  /*以浮點數格式輸出*/
11     printf("f1=%e\n",f1);  /*以科學符號格式輸出*/
12     printf("f2=%f\n",f2);  /*以一般浮點數格式輸出*/
13     printf("f2=%e\n",f2);  /*以科學符號格式輸出*/
14
15     return 0;
16 }
```

【執行結果】

```
f1=456.779999
f1=4.567800e+002
f2=123.901230
f2=1.239012e+002

--------------------------------
Process exited after 0.1718 seconds with return value 0
請按任意鍵繼續 . . . ■
```

【程式碼說明】

在第7～8行中宣告了單精度與倍精度浮點數型態的變數。第10～13行的printf()函數,將這兩個浮點數分別以浮點數及科學符號方式來顯示內容,各位可以比較這兩種輸出格式間的不同。

3-3 字元型態

C的字元型態包含了字母、數字、標點符號及控制符號等,在記憶體中是以整數數值的方式來儲存,每一個字元占用一個位元組(byte)的資料長度,通常字元會被編碼,所以字元ASCII編碼的數值範圍為「0～127」之間,例如字元「A」的數值為65、字元「0」則為48。

Tips

ASCII(American Standard Code for Information Interchange)採用八位元表示不同的字元來制定電腦中的內碼,不過最左邊為核對位元,故實際上僅用到七個位元表示。也就是說ASCII碼最多只可以表示$2^7 = 128$個不同的字元。

在設定字元變數時，必須將字元置於「' '」單引號之間，而不是雙引號「""」。宣告字元變數的方式如下：

方式1：char 變數名稱1, 變數名稱2, …, 變數名稱N;　/*宣告多個字元變數*/

方式2：char 變數名稱 = '字元' ;　　　　　　/*宣告並初始化字元變數*/

例如以下宣告：

char ch1,ch2,ch3,ch4；

或是

char ch5='A'；

由於每一個字元都會編上一個整數碼，也能分別使用十進位、八進位及十六進位的ASCII數值來設定，方式如下：

char 變數名稱=10進位ASCII碼;

char 變數名稱= '\ 8進位ASCII碼';

char 變數名稱= '\x+16進位ASCII碼';

char變數名稱= 「0」+8進位ASCII碼;

char變數名稱= 「\x」+16進位ASCII碼;

例如以下宣告：

char ch1=67;

char ch2='r';

```
char ch3='\111';
char ch4='\x61';
char ch5=0111;
char ch6=0x61;
```

CHAPTER

3

　　至於字元的輸出格式化字元有兩種,分別可以利用%c可以直接輸出字元,或利用%d來輸出ASCII碼的整數值。

【範例:CH03_04.c】

　　以下程式範例除了利用不同的字元宣告方式,我們將分別以使用%c與%d兩種格式化字元來輸出字元變數。

```
01 #include <stdio.h>
02 #include <stdlib.h>
03
04 int main()
05 {
06
07     char ch1=67;    /*以10進位ASCII碼設定字元變數*/
08     char ch2='r';    /*以字元設定字元變數*/
09     char ch3='\111'; /*以8進位ASCII碼設定字元變數*/
10     char ch4='\x61'; /*以16進位ASCII碼設定字元變數*/
11     char ch5=0111;
12     char ch6=0x61;
13
14     /* 輸出字元變數的字元值 */
15     printf("char1=%c\n",ch1);
16     printf("char2=%c\n",ch2);
17     printf("char3=%c\n",ch3);
```

```
18        printf("char4=%c\n",ch4);
19        printf("char5=%c\n",ch5);
20        printf("char6=%c\n",ch6);
21
22
23        /* 輸出字元變數的ASCII碼 */
24        printf("char1=%d\n",ch1);
25        printf("char2=%d\n",ch2);
26        printf("char3=%d\n",ch3);
27        printf("char4=%d\n",ch4);
28        printf("char5=%d\n",ch5);
29        printf("char6=%d\n",ch6);
30
31        return 0;
32 }
```

【執行結果】

```
char1=C
char2=r
char3=I
char4=a
char5=I
char6=a
char1=67
char2=114
char3=73
char4=97
char5=73
char6=97

------------------------------------
Process exited after 0.1466 seconds with return value 0
請按任意鍵繼續 . . .
```

【程式碼說明】

第7～12行是分別以字元及不同進位的ASCII碼值設定字元變數的初始值，請各位特別比較八進位及十六進位兩種設定方式的差別。第14～29行利用%c輸出字元與%d輸出ASCII碼的整數值。

3-3-1 跳脫序列

字元型態資料中還有一些特殊字元是無法利用鍵盤來輸入或顯示於螢幕上。這時候必須在字元前加上「跳脫字元」（\），來通知編譯器將反斜線後面的字元當成一般的字元顯示，或者進行某些特殊的控制，例如之前我們提過的「\n」字元，就是表示換行的功用。

由於反斜線之後的某字元將跳脫原來字元的意義，並代表另一個新功能，我們稱它們為跳脫序列（Escape Sequence）。下面特別整理了C的跳脫序列與相關說明。如下表所示：

跳脫序列	說明	十進位 ASCII碼	八進位 ASCII碼	十六進位 ASCII碼
\0	字串結束字元（Null Character）	0	0	0x00
\a	警告字元，使電腦發出嗶一聲（Alarm）	7	007	0x7
\b	倒退字元（Backspace），倒退一格	8	010	0x8
\t	水平跳格字元（Horizontal Tab）	9	011	0x9
\n	換行字元（New Line）	10	012	0xA
\v	垂直跳格字元（Vertical Tab）	11	013	0xB
\f	跳頁字元（Form Feed）	12	014	0xC
\r	返回字元（Carriage Return）	13	015	0xD

跳脫序列	說明	十進位 ASCII碼	八進位 ASCII碼	十六進位 ASCII碼
\"	顯示雙引號（Double Quote）	34	042	0x22
\'	顯示單引號（Single Quote）	39	047	0x27
\\	顯示反斜線（Backslash）	92	0134	0x5C

【範例：CH03_05.c】

　　以下的程式範例利用四種方式來將'\a'設值給c1、c2、c3與c4，當輸出這四個字元時，同樣都能發出嗶一聲。

```
01 #include <stdio.h>
02 #include <stdlib.h>
03
04 int main(void)
05 {
06
07     char c1='\a'; /* 以跳脫字元來設值 */
08     char c2=7;   /* 以10進位來設值 */
09     char c3='\7'; /* 以8進位來設值 */
10     char c4='\x7';/* 以16進位來設值 */
11
12     printf("%c%c%c%c\n",c1,c2,c3,c4); /* 輸出四聲嗶聲*/
13
14     return 0;
15 }
```

【執行結果】

```
------------------------------------
Process exited after 0.147 seconds with return value 0
請按任意鍵繼續 . . . ▄
```

【程式碼說明】

第7～10行是以不同方式來設定'\a'，這是種警告字元，會讓電腦發出嗶一聲，如果讓ASCII為7也會有相同的功用。

除了以上的介紹，跳脫字元還有些有趣的應用。例如單引號（'）、雙引號（"）、跳脫字元（\）等，通常可用來標示某些字元或字串的值，如果要把包括它們的值指定給字元或字串中時，還是必須運用（\）跳脫字元。如下所示：

```
char ch='\'';    /* ch的資料值為' */
char ch1='\"';  /* ch1的資料值為" */
char ch2='\\';  /* ch2的資料值為\ */
```

此外，也可以利用「\ooo」模式來表示八進位的ASCII碼，而每個o則表示一個八進位數字。至於「\xhh」模式可表示十六進位的ASCII碼，其中每個h表示一個十六進位數字。例如：

```
printf("\110\145\154\154\157\n"); /* 輸出Hello字串 */
printf("\x48\x65\x6c\x6c\x6f\n"); /* 輸出Hello字串 */
```

> **Tips**
>
> 　　百分比符號「%」是輸出時常用的符號,不過不能直接使用,因為會與格式化字元(如%d)相衝突,如果要顯示%符號,必須使用%%方式。例如以下指令:
>
> 　　printf("百分比:%3.2f\%%\n", (i/j)*100);

3-4 資料型態轉換

　　在C的資料型態應用中,如果不同資料型態變數做運算時,往往會造成資料型態間的不一致與衝突,如果不小心處理,就會造成許多邊際效應的問題,這時候「資料型態轉換」(Data Type Coercion)功能就派上用場了。資料型態轉換功能在C中可以區分為自動型態轉換與強制型態轉換兩種。

3-4-1 自動型態轉換

　　一般來說,在程式執行過程中,運算式中往往會使用不同型態的變數(如整數或浮點數),這時C編譯器會自動將變數儲存的資料,自動轉換成相同的資料型態再做運算。

　　C會根據在運算式中型態數值範圍較大者作為轉換的依循原則,例如整數型態會自動轉成浮點數型態,或是字元型態會轉成short型態的ASCII碼:

```
char c1;
int no;

no=no+c1; /* c1會自動轉為ASCII碼 */
```

此外，並且如果指定敘述「＝」兩邊的型態不同，會一律轉換成與左邊變數相同的型態。當然在這種情形下，要注意執行結果可能會有所改變，例如將double型態指定給short型態，可能會有遺失小數點後的精準度。以下是資料型態大小的轉換的順位：

double ＞ float ＞ unsigned long ＞ long ＞ unsigned int ＞ int

例如以下程式片段：

```
int i=3;
float f=5.2;
double d;


d=i+f;
```

其轉換規則如下所示：

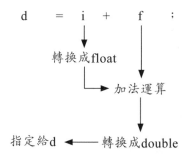

當「＝」運算子左右的資料型態不相同時，是以「＝」運算子左邊的資料型態為主，以上述的範例來說，指定運算子左邊的資料型態大於右邊的，所以轉換上不會有問題；相反的，如果「＝」運算子左邊的資料型態

小於右邊時，會發生部分資料被捨去的狀況，例如將float型態指定給int
型態，可能會遺失小數點後的精準度。

3-4-2 強制型態轉換

強制型態轉換就是一種命令式轉換

在C中，對於針對運算式執行上的要求，還可以「暫時性」轉換資料
的型態。資料型態轉換只是針對變數儲存的「資料」做轉換，但是不能轉
換變數本身的「資料型態」。有時候為了程式的需要，C也允許使用者自
行強制轉換資料型態。如果各位要對於運算式或變數強制轉換資料型態，
可以使用如下的語法：

```
(資料型態) 運算式或變數；
```

我們來看以下的一種運算情形：

```
int i=100, j=3;
float Result;
Result=i/j;
```

運算式型態轉換會將i/j的結果（整數值33），轉換成float型態再指定給Result變數（得到33.000000），小數點的部分完全被捨棄，無法得到精確的數值。如果要取得小數部分的數值，可以把以上的運算式改以強制型態轉換處理，如下所示：

```
Result=(float) i/ (float) j;
```

還有一點要提醒各位注意！對於包含型態名稱的小括號，絕對不可以省略。另外在指定運算子（=）左邊的變數可不能進行強制資料型態轉換！例如：

```
(float)avg=(a+b)/2；  /* 不合法的指令 */
```

【範例：CH03_06.c】
以下程式範例就來驗證是否強制型態轉換後的輸出結果，會有哪些的不同？

```
01 #include <stdio.h>
02 #include <stdlib.h>
03
04 int main()
05 {
06
07     int i=120,j=33; /* 定義整數變數 i 與 j */
08     float Result;     /* 定義浮點數變數 Result */
09
10     Result=i/j;
11     printf("Result=i/j=%d/%d=%f\n\n", i, j, Result);
```

```
12        printf("強制型態轉換的執行結果\n");
13        Result=(float)i /(float) j;
14        printf("Result=(float)i/(float)j=%d/%d=%f\n", i, j, Result);
15
16        return 0;
17 }
```

【執行結果】

```
Result=i/j=120/33=3.000000

強制型態轉換的執行結果
Result=(float)i/(float)j=120/33=3.636364

----------------------------------
Process exited after 0.1467 seconds with return value 0
請按任意鍵繼續 . . .
```

【程式碼說明】

　　第10行，由於變數i與j都是整數型態，只做整數的除法運算，因此浮點數變數f的儲存值，只能有整數部分。第14行，使用強制型態轉換，將變數i與j改以float型態做除法運算，運算結果就可包含小數點的數值。

3-5 上機程式測驗

1. 假設某道路全長765公尺，現欲在橋的兩旁兩端每17公尺插上一支旗子，如果每支旗子需210元，請設計一個程式計算共要花費多少元？

   解答：CH03_07.c

2. 請設計一程式，並利用以下三種不同的數字系統來設定變數的初始值，最後以十進位輸出結果。

```
int Num=100;
int OctNum=0200;
int HexNum=0x33f;
```

解答：CH03_08.c

3. 請設計一程式，發出四聲嗶聲。並以十六進位ASCII碼的跳脫序列表示法將WORLD!字串設值與輸出此字串。

解答：CH03_09.c

4. 請設計一程式，使用跳脫字元（\）在printf()函數中輸出單引號（'）與雙引號（"）。

解答：CH03_10.c

5. 請依下表設計程式，計算該人的基金總值。

基金種類	現在淨值	匯率	單位數
怡富東方小型成長基金	34.3	34.47	20.54
富蘭克林高成長基金	23.5	34.47	76.55
怡富泰國基金	12.7	34.47	87.86
保德信高成長基金	24.3	1.00	1423.7

解答：CH03_11.c

本章課後評量

1. 請將整數值45以C中的八進位與十六進位表示法表示。

2. 字元資料型態在輸出入上有哪兩種選擇？

3. 如何在指定浮點常數值時，將數值轉換成float型態？

4. 請說明以下跳脫字元的含意

(a)'\t' (b)'\n' (c)'\"' (d)'\"' (e)'\\'

5. 請問以下程式碼中i與j的輸出結果為何？原因為何？

```
int main()
{
    int i=2147483647;
    short int j=32767;
    i=i+1;
    j=j+1;
    printf("i=%d\n",i);
    printf("j=%d\n",j);
    return 0;
}
```

6. 請敘述何謂「signed」與「unsigned」？而這兩種資料型態又有何不同？

7. 有個個人資料輸入程式，但是無法順利編譯，編譯器指出下面這段程式碼出了問題，請指出問題的所在：

```
printf("請輸入ID"08004512"：");
```

第四章

運算式與運算子

　　精確快速的計算能力稱得上是電腦最重要的能力之一，而這些就是透過程式語言的各種指令來達成，而指令的基本單位是運算式與運算子。不論如何複雜的程式，本質上多半是用來幫助我們從事各種運算的工作，而這些都必須依賴一道道的運算式程式碼來完成。各位都學過數學的加減乘除四則運算，如3+5、3/5、2-8+3/2等，這些都可算是運算式的一種。

任何運算都跟運算元及運算子有關

　　在C中的運算式是由運算元及運算子組合而成，運算元包括了常數、變數、函數呼叫或其它運算式，例如以下就是個簡單的運算式：

```
d=a*b+f*100-123.4;
```

　　在上式中d、a、b、f、100、123.4等常數或變數稱為運算元（Operand），而=、*、-等運算符號稱為運算子（Operator）。

4-1 常見運算子簡介

　　運算式組成了各種快速計算的成果，而運算子就是種種運算舞臺上的演員。C運算子的種類相當多，分門別類的執行各種計算功能，例如指定運算子、算術運算子、關係運算子、邏輯運算子、遞增與遞減運算子等常見運算子。

4-1-1 指定運算子

指定運算子是一種指定的概念

　　「=」符號在數學的定義是等於的意思，不過在程式語言中就完全不同，主要作用是將「=」右方的值指派給「=」左方的變數，由至少兩個運算元組成。以下是指定運算子的使用方式：

變數名稱 = 指定值 或 運算式；

例如：

---

a= a + 1;   /* 將a值加1後指派給變數a */
c= 'A';   /* 將字元'A'指派給變數c */

這個a=a+1是很經典的運算式，雖然在數學上根本不成立，在C中是指等到利用指定運算子（＝）來設定數值時，才將右邊的數值或運算式的值指定給（＝）左邊的位址。

在指定運算子（＝）右側可以是常數、變數或運算式，最終都將會值指定給左側的變數，而運算子左側也僅能是變數，不能是數值、函數或運算式等。例如運算式X-Y=Z就是不合法的。

指定運算子除了一次指定一個數值給變數外，還能夠同時指定同一個數值給多個變數。例如：

---

int a,b,c;
a=b=c=10;

此時運算式的執行過程會由右至左，先將數值10指定給變數c，然後再依序指定給b與a，所以變數a、b及c的內容值都是10。

4-1-2 算術運算子

算術運算子（Arithmetic Operator）是程式語言中使用率最高的運算子，包含了四則運算、正負號運算子、%餘數運算子等。下表是算術運算子的語法及範例說明：

運算子	說明	使用語法	執行結果（A=15,B=7）
+	加	A + B	15+7=22
-	減	A - B	15-7=8
*	乘	A * B	15*7=105
/	除	A / B	15/7=2
+	正號	+A	+15
-	負號	-B	-7
%	取餘數	A % B	15%7=1

+-*/運算子與我們常用的數學運算方法相同，而正負號運算子主要表示運算元的正／負值，通常設定常數為正數時可以省略+號，例如「a=5」與「a=+5」意義是相同的。而負號除了使常數為負數外，也可以使得原來為負數的數值變成正數。例如下面的例子：

```
10-3*3
```

上述的運算結果是4。程式語法中和一般運算差異因為負號的處理優先權高於乘號，所以會將-3乘上3得到-1，接著10再與-9進行運算，最後即得到結果1。

至於餘數運算子「%」在平常生活中較為少見，主要是計算兩數相除後的餘數，而且這兩個運算元必須為整數、短整數或長整數型態，不可以是浮點數。例如：

```
int a=15,b=7;
printf("%d",a%b);  /*輸出結果為8*/
```

【範例：CH04_01.c】

　　以下程式範例是餘數運算子的實作，將一個整數變數，利用餘數運算子（%）所寫成的運算式來輸出其百位數的數字。例如8341則輸出3。

```
01 #include <stdio.h>
02 #include <stdlib.h>
03
04 int main(void)
05 {
06
07     int num,hundred; /* 宣告兩個整數變數 */
08     printf("請輸入任一個整數:");
09     scanf("%d",&num); /* 任意輸入一個整數 */
10
11     hundred=(num/100)%10; /* 求與10的餘數值 */
12     printf("%d百位數的數字為%d\n",num,hundred);
13     /* 輸出原來整數與百位數數字 */
14     return 0;
15 }
```

【執行結果】

```
請輸入任一個整數:8341
8341百位數的數字為3

------------------------------------
Process exited after 8.187 seconds with return value 0
請按任意鍵繼續 . . .
```

【程式解說】

　　第7行：宣告兩個整數變數num、hundred。第9行：任意輸入一個整數num。第11行：因為是求百位數的值，所以必須先求除以100的值。第12行輸出原來整數與百位數數字。

4-1-3 關係運算子

關係運算子主要是在比較兩個數值之間的大小關係，例如if-else或while這類的流程判斷式。在此我們先僅就最簡單的if語法來說明：

```
if(判斷式)
    指令敘述;
```

當判斷式中成立時，就會執行後面指令敘述，如果不成立就不會被執行。例如當a>5時就會輸出"a的值大於5"，>符號就是關係運算子的一種：

```
if(a>5)
    printf("a的值大於5\n");
```

當使用關係運算子時，所運算的結果只有「成立」與「不成立」兩種情形。結果成立稱為「真（True）」，如果不成立則稱為「假（False）」。

由於C中沒有特別定義布林型態（Bool），不過C++定義False可用數值0來表示，其它所有非0的數值，則表示True（通常會以數值1表示）。關係運算子共有六種，如下表所示：

運算子	功能	用法
>	大於	a>b
<	小於	a<b

運算子	功能	用法
>=	大於等於	a>=b
<=	小於等於	a<=b
==	等於	a==b
!=	不等於	a!=b

請注意！在C中的等號關係是"=="運算子，至於"="則是指定運算子，這種差距很容易造成程式碼撰寫時的疏忽，日後程式除錯時，這可是非常熱門的小Bug喔！

例如：

```
int a=3,b=5;
printf("%d",a<b);    /*a(3)小於b(5)，結果成立，輸出數值1*/
printf("%d",a==b);  /*a(3)等於b(5)，結果不成立，輸出數值0*/
```

4-1-4 邏輯運算子

邏輯運算子是運用在以判斷式來作為程式執行流程控制的時刻。通常可作為兩個運算式之間的關係判斷。至於邏輯運算子判斷結果的輸出與比較運算子相同，僅有「真（True）」與「假（False）」兩種，並且分別可輸出數值「1」與「0」。C中的邏輯運算子共有三種，如下表所示：

運算子	功能	用法
&&	AND	a>b && a<c
||	OR	a>b || a<c
!	NOT	!(a>b)

▋ && 運算子

當 && 運算子（AND）兩邊的運算式皆為眞（True）時，其執行結果才爲眞，任何一邊爲假（False）時，執行結果都爲假。例如運算式「a>b && a>c」，則執行結果有四種情形。如下表所示：

a > b的眞假值	a > c的眞假值	a>b && a>c 的執行結果
眞	眞	眞
眞	假	假
假	眞	假
假	假	假

▋ || 運算子

當 || 運算子（OR）兩邊的運算式，其中一邊爲眞（True）時，執行結果就爲眞，否則爲假。例如運算式「a>b || a>c」，則執行結果同樣有四種情形。如下表所示：

a > b的眞假值	a > c的眞假值	a>b || a>c 的執行結果
眞	眞	眞
眞	假	眞
假	眞	眞
假	假	假

▋ ! 運算子

這是一元運算子的一種，可以將運算式的結果變成相反值。例如運算式「!(a>b)」，則執行結果有兩種情形。如下表所示：

a > b的真假值	!(a>b)的執行結果
真	假
假	真

在此還要提醒您，邏輯運算子也可以連續使用，例如：

```
a<b && b<c || c<a
```

當連續使用邏輯運算子時，它的計算順序為由左至右，也就是先計算「a<b && b<c」，然後再將結果與「c<a」進行OR的運算。

4-2 遞增與遞減運算子

接著我們要介紹的運算子相當特別，也就是C中專有的遞增「++」及遞減運算子「--」。它們是針對變數運算元加減1的簡化寫法。當++或--運算子放在變數的前方，就是屬於「前置型」，是將變數的值先做+1或-1的運算，再輸出變數的值。宣告方式如下：

```
++變數名稱;
--變數名稱;
```

例如以下程式片段：

```
int a,b;

a=10;
```

```
b=++a;
printf("a=%d, b=%d\n",a,b);
```

由於是前置型遞增運算子，所以必須先執行a=a+1的動作，再執行b=a的動作，因此會列印出a=11, b=11。

接著來看以下程式片段：

```
int a,b;
a=10;
b=--a;
printf("a=%d, b=%d\n",a,b);
```

由於是前置型遞減運算子，所以必須先執行a=a-1的動作（a=9），再執行b=a的動作，因此會列印出 a=9, b=9。當++或--運算子放在變數的後方，是代表先將變數的值輸出，再做+1或-1的動作。宣告方式如下：

```
變數名稱++;
變數名稱--;
```

例如以下程式片段：

```
int a,b;

a=10;
b=a++;
printf("a=%d, b=%d\n",a,b);
```

由於是後置型遞增運算子，所以必須先輸出b=a(a=10)，再執行a=a+1
的動作，因此會列印出 a=11,b=10。接著來看以下程式片段：

```
int a,b;
a=10;
b=a--;
printf("a=%d, b=%d\n",a,b);
```

由於是後置型遞減運算子，所以必須先輸出b=a(a=10)，再執行a=a-1
的動作，因此會列印出 a=9, b=10。

【範例：**CH04_02.c**】

以下程式範例將上述前置型與後置型遞增遞減運算子實作一次，各位
比較結果後，自然會了解其間的差異。

```
01 #include <stdio.h>
02 #include <stdlib.h>
03
04 int main(void)
05 {
06
07     int a=10,b=0;
08
09     printf("a=%d b=%d b=++a\n",a,b);
10     b=++a;/* 前置型遞增運算子*/
11     printf("a=%d b=%d\n",a,b);
12
13     a=10,b=0;
14     printf("a=%d b=%d b=--a\n",a,b);
```

```
15      b=--a;/* 前置型遞減運算子*/
16      printf("a=%d b=%d\n",a,b);
17
18      a=10,b=0;
19      printf("a=%d b=%d b=a++\n",a,b);
20      b=a++;/* 後置型遞增運算子*/
21      printf("a=%d b=%d\n",a,b);
22
23      a=10,b=0;
24      printf("a=%d b=%d b=a--\n",a,b);
25      b=a--;/* 後置型遞減運算子*/
26      printf("a=%d b=%d\n",a,b);
27
28      return 0;
29 }
```

【執行結果】

```
a=10 b=0 b=++a
a=11 b=11
a=10 b=0 b=--a
a=9 b=9
a=10 b=0 b=a++
a=11 b=10
a=10 b=0 b=a--
a=9 b=10

------------------------------------
Process exited after 0.1529 seconds with return value 0
請按任意鍵繼續 . . .
```

【程式碼說明】

在第10、15、20、25行，是說明前置型與後置型遞增運算子與遞減運算子的各種運算式，各位可對照執行結果。

4-2-1 條件運算子

條件運算子（?:）是C中唯一的「三元運算子」，它可以藉由判斷式的真假值，來傳回指定的值，各位可以看成是if判斷式的精簡版。使用語法如下所示：

> 判斷式？運算式1: 運算式2

條件運算子首先會執行判斷式，如果判斷式的結果為真，則會執行運算式1；如果結果為假，則會執行運算式2。各位也可以將運算式1或運算式2的結果值直接設定給某個變數，使用語法如下所示：

> 變數名稱=判斷式？運算式1: 運算式2

這個範例將分別用兩種條件運算子的語法來判斷學生兩個科目的成績是否都超過60分，並輸出Y或N的結果字元。

【範例：CH04_03.c】

```
01 /*條件運算子練習*/
02 #include <stdio.h>
03 #include <stdlib.h>
04
05 int main(void)
06 {
07     int math, physical; /*宣告兩科目的分數*/
08     char chr_pass;      /*宣告表示合格的字元變數*/
09
10     math=85;
11     physical=57;
```

```
12
13      printf("數學 = %d 分與 物理 = %d \n",math,physical);
14      (math >= 60 && physical >= 60 )? (chr_pass='Y'):(chr_pass='N');
15      /*印出chr_pass變數內容，顯示該考生是否合格*/
16      printf( "該名考生是否合格？ %c\n", chr_pass );
17
18      math=65;
19      physical=77;
20      printf("數學 = %d 分與 物理 = %d \n",math,physical);
21      chr_pass = ( math >= 60 && physical >= 60 )?'Y':'N';
22      printf( "該名考生是否合格？ %c\n", chr_pass );
23
24      return 0;
25 }
```

【執行結果】

```
數學 = 85 分與 物理 = 57
該名考生是否合格？ N
數學 = 65 分與 物理 = 77
該名考生是否合格？ Y

-----------------------------------
Process exited after 0.126 seconds with return value 0
請按任意鍵繼續 . . .
```

【程式碼說明】

　　第14行的條件式中使用&&（AND）運算子，來判斷兩科目的成績是否都超過60分，如果成立則執行chr_pass='Y'，如果不成立則執行chr_pass='N'。請留意在本行中的chr_pass='Y與chr_pass='N'必須用括號括起來，否則編譯時會出現警告訊息。第21行的寫法是將條件運算子判斷後的結果，直接傳遞給變數char_pass，這樣的寫法可讀性更高，更能讓程式碼看起來更簡潔。

4-2-2 複合指定運算子

在C中還有一種複合指定運算子，是由指派運算子（=）與其它運算子結合而成。先決條件是「=」號右方的來源運算元必須有一個是和左方接收指定數值的運算元相同，如果一個運算式含有多個複合指定運算子，運算過程必須是由右方開始，逐步進行到左方。

例如以「A += B;」指令來說，它就是指令「A=A+B;」的精簡寫法，也就是先執行A+B的計算，接著將計算結果指定給變數A。這類的運算子有以下幾種：

運算子	說明	使用語法
+=	加法指定運算	A += B
-=	減法指定運算	A -= B
*=	乘法指定運算	A *= B
/=	除法指定運算	A /= B
%=	餘數指定運算	A %= B
&=	AND位元指定運算	A &= B
| =	OR位元指定運算	A |= B
^=	NOT位元指定運算	A ^= B
<<=	位元左移指定運算	A <<= B
>>=	位元右移指定運算	A >>= B

4-3 運算式簡介

　　運算式中依照運算子處理運算元個數的不同，可以區分成「一元運算式」、「二元運算式」及「三元運算式」等三種。下面我們簡單介紹這些運算式的特性與範例：

- **一元運算式**：由一元運算子所組成的運算式，在運算子左側或右側僅有一個運算元。例如-100（負數）、tmp--（遞減）、sum++（遞增）等。
- **二元運算式**：由二元運算子所組成的運算式，在運算子兩側都有運算元。例如A+B（加）、A=10（等於）、x+=y（遞增等於）等。
- **三元運算式**：由三元運算子所組成的運算式。由於此類型的運算子僅有「?:」（條件）運算子，因此三元運算式又稱為「條件運算式」。例如a>b ? 'Y':'N'。

4-3-1 運算子優先順序

　　當運算式使用超過一個運算子時，例如z=x+3*y，就必須考慮運算子優先順序。藉由數學基本運算（先乘除後加減）的觀念，這個運算式會先執行3*y的運算，再把運算結果與x相加，最後才將相加的結果指定給z，得到算式的答案。因此在C中，可以說*運算子的優先順序高於+運算子。

　　基本上，四則（+-*/）運算的運算子，使用者比較不容易弄錯。但是如果再結合C語言的其它運算子，例如底下的運算式：

```
if (a+b == c*d)
```

　　如果不清楚運算子的優先順序情況，對於上面的式子就不是很容易理解了。所以在處理一個多運算子的運算式時，有一些規則與步驟是必須要遵守，如下所示：

1. 當遇到一個運算式時，先區分運算子與運算元。
2. 依照運算子的優先順序做整理的動作。
3. 將各運算子根據其由左至右順序進行運算。

　　通常運算子是會依照其預設的優先順序來進行計算，但是也可利用「()」括號來改變優先順序。以下是C中各種運算子計算的優先順序：

運算子	說明
()	括號
! - ++ --	邏輯運算NOT 負號 遞增運算 遞減運算
* / %	乘法運算 除法運算 餘數運算
+ -	加法運算 減法運算
> >= < <=	比較運算大於 比較運算大於等於 比較運算小於 比較運算小於等於
== !=	比較運算等於 比較運算不等於
&& ||	邏輯運算AND 邏輯運算OR
?:	條件運算子
=	指定運算

4-4 上機程式測驗

1. 請設計一個具有溫度轉換器功能的C程式，讓使用者輸入攝氏溫度值，再將它再轉換爲華氏溫度後輸出。

   解答：CH04_04.c

2. 請設計一C程式，假設現在有臺幣2,850元，請計算與輸出所能兌換的百元、50元硬幣與10元硬幣的數量，兌換時的原則是優先換大鈔。

   解答：CH04_05.c。

3. 請設計一程式，計算與輸出以下運算式的結果：

   ```
   5*9+(3+7%2)-20*7%(5%3)
   ```

   解答：Ch04_06.c

4. 請設計一程式，當輸入sum的值後，計算sum=sum+1執行後的結果。

   解答：CH04_07.c

5. 請設計一程式，a、b變數可由讀者自行輸入，計算與輸出以下運算式結果。

   ```
   a-b%6+12*b/2
   (a*5)%8/5-2*b)
   (a%8)/12*6+12-b/2
   ```

   解答：CH04_08.c

6. 請設計一程式，已知 a = b = 5，x = 1 0、y = 2 0、z = 3 0，請計算 x*=a+=y%=b-=z*=5，最後x的值。

   解答：CH04_09.c

本章課後評量

1. 已知a=b=5，x=10、y=20、z=30，請計算x*=a+=y%=b-=z/=3，最後x的值。

2. 已知a=10、b=30，請問經過a+=a+=b+=b%=4，最後a的值。

3. 已知a=20、b=30，請計算下列各式的結果：

   ```
   a-b%6+12*b/2
   (a*5)%8/5-2*b)
   (a%8)/12*6+12-b/2
   ```

4. 何謂三元運算式？請簡述之。

5. 試述C的三種「邏輯運算子」，並分別說明其用法。

6. 以下程式碼的列印結果為何？

   ```
   int a,b;


   a=5;
   b=a+++a--;
   printf("%d\n",b);
   ```

CHAPTER

4

第五章

格式化輸出與輸入功能

　　任何程式設計的目的就在於將使用者所輸入的資料，經由電腦運算處理後，再將結果另行輸出。由於C並沒有直接處理資料輸入與輸出的能力，所有相關輸入／輸出（I/O）的運作，都必須經由呼叫函數來完成，而這些標準I/O函數的原型宣告都放在<stdio.h>標頭檔中。本章中我們將更深入介紹C語言中最常使用的輸出入函數-printf()函數與scanf()函數。

5-1 printf()函數

　　在C中將訊息輸出至終端機，稱之為「標準輸出」（Stand Output），相信各位對於printf()函數應該都已經不陌生了吧！其實它也是C

中最普遍的輸出函數，printf()函數會將指定的文字輸出到標準輸出設備（螢幕），還可以配合以%字元開頭格式化字元（Format Specifier）所組成的格式化字串，來輸出指定格式的變數或數值內容。printf()函數的原型宣告如下：

```
printf(char* 格式化字串,引數列);
```

在printf()函數中的引數列，可以是變數、常數或者是運算式的組合，而每一個引數列中的項目，只要對應到格式化字串中以%字元開頭的格式化字元，就可以出現如預期的輸出效果，格式化字串中有多少個格式化字元，引數列中就應該有相同數目對應的項目。

不同的資料型態內容需要配合不同的格式化字元，下表中為各位整理出C中最常用的格式化字元，以作為各位日後設計輸出格式時參考之用：

格式化字元	說明
%c	輸出字元
%s	輸出字串資料
%ld	輸出長整數
%d	輸出十進位整數
%u	輸出不含符號的十進位整數值
%o	輸出八進位數
%x	輸出十六進位數，超過10的數字以小寫字母表示
%X	輸出十六進位數，超過10的數字以大寫字母表示
%f	輸出浮點數
%e	使用科學記號表示法，例如3.14e+05
%E	使用科學記號表示法，例如3.14E+05（使用大寫E）

格式化字元	說明
%g、%G	也是輸出浮點數，不過是輸出%e與%f長度較短者
%p	輸出指標數值。依系統位元數決定輸出數值長度

Tips

　　格式化字元是在控制輸出格式中唯一不可省略的項目，原則就是要輸出是什麼資料型態的變數或常數，就必須搭配對應該資料型態的格式化字元。

　　如果各位再搭配跳脫序列功能，就可以讓輸出的效果運用得更加靈活與美觀，例如「\n」（換行功能）就經常搭配在格式化字串中使用。請看以下範例：

```
printf("一個包子要%d元,媽媽買了%d個,一共花了%d元\n",price,no,no*price);
```

　　例如這個"一個包子要%d元,媽媽買了%d個,一共花了%d元\n"，就是格式化字串，裡面包括了三個%d的格式化字元與一個跳脫序列成員「\n」，引數列中則有price、no、no*price三個項目。

　　此外，如果再適當搭配之前介紹的跳脫序列功能，就可以讓輸出的效果運用得更加靈活與美觀，例如「\n」（換行功能）就經常搭配在格式化字串中使用。以下是C中常用的跳脫序列：

跳脫字元	說明
\a	使電腦發出嗶一聲（Alarm）
\b	倒退一格（Backspace）
\f	跳頁（Form Feed）

跳脫字元	說明
\n	換行（Newline）
\r	返回（Carriage Return）
\t	水平跳格，相當於按一次Tab鍵
\v	垂直跳格
\'	顯示單引號'
\"	顯示雙引號"
\\	顯示反斜線\

【範例：**CH05_01.c**】

　　以下程式範例中主要為各位說明格式化字串及引數列中項目的對應關係。簡單來說，格式化字串中有多少個格式化字元，引數列中就該有相同數目對應的項目。

```
01 #include <stdio.h>
02 #include <stdlib.h>
03
04 int main()
05 {
06      int no=5;
07      float price=420.5;
08
09      printf("今天是星期天,天氣晴朗.\n");
10      /* 直接輸出一個字串 */
11      printf("一本書要%f元,大華買了%d本書,一共花了%f元\n"
12          ,price,no,no*price);
13      /* 格式化字元與引數列中各個項目間的對應 */
14
15      return 0;
16 }
```

【執行結果】

```
今天是星期天.天氣晴朗.
一本書要420元.大華買了5本書.一共花了2100元

------------------------------------
Process exited after 0.09747 seconds with return value 0
請按任意鍵繼續 . . .
```

【程式解說】

第6行：宣告整數變數no，並設定值為5。第7行：宣告浮點數變數price並設定值為420.5。第9行：利用printf()函數直接輸出一個字串。第11～12行：利用printf()函數與格式化字串，將引數列的變數與運算式結果輸出。

5-1-1 格式化字元進階設定

在資料輸出時，透過格式化字元的旗標（Flag）、欄寬（Width）與精度（Precision）設定，還可以達到在螢幕對齊效果，讓資料在閱讀上能夠更加整齊清楚。如下所示：

%[flag] [width][.precision]格式化字元

- 旗標[flag]：旗標設定功能主要是利用如'+'、'-'字元等指定輸出格式，來作為正負號顯示、資料對齊方式及格式符號等。如果使用正號（+），輸出靠右同時顯示數值的正負號。如果使用負號（-），則輸出靠左對齊。
- 欄寬[width]：在資料輸出時，透過格式化字元的欄寬設定，還可以達到在螢幕對齊效果，讓資料在閱讀上能夠更加整齊清楚。例如%5d就是表示以五個欄位寬度來輸出十進位整數。如果設定欄寬後，當資料輸出時，以欄寬值為該資料之長度靠右顯示，當設定欄寬小於欲顯示資料長度，則資料仍會依照原本長度靠右顯示，不過如果欄寬值大於欲顯示的資料長度，就會自動填入空白。

■ 精度[.precision]：透過精度設定，就可以使數值資料輸出時，依照精度所指定的精確位數輸出。當精度設定值大於浮點數之小數位數時，於小數點後補足位數，不足數補0。前面需以句點"."與[width]隔開。例如%6.3f是表示輸出包括小數點在內共有6位數的浮點數，小數點後只顯示3位數，而「%4.3d」是表示輸出整數時，以四個欄位寬度來輸出十進位整數，並且設定精度三個欄位。

以下程式範例將示範本節所介紹的格式化字元進階設定相關功能，請各位留心比較不同的輸出結果。

【範例：**CH05_02.c**】

```
01 #include <stdio.h>
02 #include <stdlib.h>
03
04 int main(void)
05 {
06     /* 宣告整數變數no與浮點數變數fno */
07     int no=523;
08     float fno=13.4567;
09
10     printf("%4d\n",no);/*以% 4d輸出*/
11     printf("%-4d\n",no);/*以%-4d輸出*/
12     printf("%6.3f\n",fno);/*以6.3f格式輸出*/
13
14     return 0;
15 }
```

【執行結果】

```
 523
523
13.457

------------------------------------
Process exited after 0.1246 seconds with return value 0
請按任意鍵繼續 . . . ■
```

【程式解說】

● 第7～8行：宣告整數變數no與浮點數變數fno，並分別設定初始值。

● 第10行：以% 4d輸出。

● 第11行：以%-4d輸出。

● 第12行：以6.3f格式輸出。

5-2 scanf()函數

　　scanf()函數的功能恰好跟printf()函數相反，scanf()函數是C中最常用的輸入函數，使用方法與printf()函數十分類似，透過scanf()函數可以經由標準輸入設備（鍵盤），把使用者所輸入的數值、字元或字串傳送給指定的變數。也是定義在stdio.h標頭檔中。scanf()函數的原型，如下所示：

scanf(char* 格式化字串,引數列);

　　scanf()函數中的格式化字串中包含準備輸出的字串與對應引數列項目的格式化字元，例如輸入的數值為整數，則使用格式化字元%d，或者輸入的是其它資料型態，則必須使用相對應的格式化字元，格式化字串中有多少個格式化字元，引數列中就該有相同數目對應的變數。

　　scanf()函數與printf()函數的最大不同點，是必須傳入變數位址做參數，而且每個變數前一定要加上&（取址運算子）將變數位址傳入：

scanf("%d%f", &N1, &N2);　/* 務必加上&號 */

　　至於scanf()函數中的格式化字元等相關設定都和prinf()函數極為相似，常用的格式化字元如下表所示：

格式化字元	說明
%c	輸出字元
%s	輸出字元陣列或字元指標所指的字串資料
%d	輸出十進位數
%o	輸出八進位數
%x	輸出十六進位數，超過10的數字以小寫字母表示
%X	輸出十六進位數，超過10的數字以大寫字母表示
%f	輸出浮點數
%e	使用科學記號表示法，例如3.14e+05
%E	使用科學記號表示法，例如3.14E+05（使用大寫E）

　　請注意！scanf()函數讀取數值資料不區分英文字母的大小寫，所以使用%X與%x會得到相同的輸入結果（%e與%E亦同），還有如果輸入的是double型態，特別注意要必須使用%lf來作為格式化字元。

　　在上式中區隔輸入項目的符號是空白字元，各位在輸入時，可利用空白鍵、Enter鍵或Tab鍵隔開，不過所輸入的數值型態必須與每一個格式化字元相對應：

```
100 65.345 【Enter】
或
100    【Enter】
65.345 【Enter】
```

　　在各位輸入時用來區隔輸入的符號，也可以由使用者指定，例如在scanf()函數中使用「,」，那麼輸入時也必須以「,」區隔。請看下列式子：

```
scanf("%d,%f", &N1, &2);
```

　　則當各位輸入資料時，也必須以逗號區隔如下：

```
100,300.999
```

　　此外，我們知道在printf()函數中除了格式化字元外，也可以加入其它的提示輸入字元。但scanf()函數有一個有趣的現象，就是雖說可以加入其它字元，但功用就完全不同了。例如以下指令：

```
scanf("no:%d",&no);/* 輸入一個整數變數的值 */
```

　　格式化字串中的"no:"是不會在輸入資料時自動輸出，反而是各位在輸入資料也必須同時輸入這些字元（no:），否則所輸入的值就會發生錯誤。如下所示：

```
no:176 【Enter】
```

那麼可能各位會好奇，那該如何在輸入時加上提示字元，這時就必須利用printf()函數，改成如下指令即可：

```
printf("no:");
scanf("%d",&no);
```

【範例：CH05_03.c】

以下這個程式範例利用scanf()函數，讓使用者由螢幕輸入兩筆資料，並且計算與輸出這兩數的和。各位務必記得在scanf()函數中要加上「&」號，這可是很多人經常會疏忽的錯誤。

```
01 #include <stdio.h>
02 #include <stdlib.h>
03
04 int main()
05 {
06      int no1,no2;
07
08      scanf("%d%d",&no1,&no2);/* 輸入兩個整數變數的值 */
09      printf("%d\n",no1+no2); /* 計算與輸出兩數的和 */
10
11      return 0;
12 }
```

【執行結果】

```
17 36
53

------------------------------------
Process exited after 12.93 seconds with return value 0
請按任意鍵繼續 . . .
```

【程式解說】

第6行：宣告兩個整數變數no1與no2。第8行：要螢幕輸入兩個整數，所以格式化字串中用了兩個格式化字元%d，記的要加上「&」號。第9行：計算與輸出兩個整數的和。

5-3 上機程式測驗

1. 請設計一程式，讓使用者由螢幕分別輸入兩筆資料，最後在螢幕上輸出這兩筆資料。

   解答： CH05_04.c

2. 請設計一程式讓使用者任意輸入十進位數，並分別輸出該數的八進位與十六進位數的數值。

   解答： CH05_05.c

3. 我們知道透過printf()函數中欄寬設定，可以將輸出的數字向左或向右對齊。請設計一C程式，分別將整數12345靠左與靠右輸出。

   解答： CH05_06.c

4. 請各位設計一C程式，可以讓使用者進行日期輸入，格式YYYY-MM-DD，並顯示輸入的結果。

   解答： CH05_7.c

本章課後評量

1. 以下是C程式碼片段，包含了scanf()函數：

```
int a,b;
scanf("%d,%d",&a,&b);
printf("%d %d %d\n",a,b,c);
```

請問當輸入資料時，能否如下方式輸入？試說明原因。

```
87 65
```

2. 試畫出以下程式碼的執行結果。

```
printf("%5s\n","***");
printf("%5s\n","****");
printf("%5s\n","*****");
```

3. 請問在printf()函數中如何利用引數方式設定欄寬？試舉例說明。

4. 請簡介%u與%%格式化字元的作用。

5. 在以下程式片段中：

```
scanf("%d",&num);
printf("num=%d\n",num);
```

如果輸入"7654abcd"字串，請問列印出來的num值為何？

6. 何謂printf()函數的精度設定？

第六章

流程控制

　　程式的進行順序可不是像我們中山高速公路，由北到南一路通到底，有時複雜到像北宜公路上的九彎十八轉，幾乎讓人暈頭轉向。C是一種很典型的結構化程式設計語言，核心精神就是「由上而下設計」 與「模組化設計」。

程式執行流程就像四通八達的公路

　　模組化設計可以由C程式是函數的集合體看出端倪，也就是說，C程式本身就是由各種函數所組成。各位就可把函數視為一種模組。至於C的流程控制主要是依照原始碼的順序由上而下執行，不過有時也會視需要來改變順序，此時就可由各種流程控制指令來告訴電腦，應該優先以何種順序來執行指令。

6-1 流程控制

　　對於一個結構化程式，不管其結構如何複雜，皆可利用以下基本控制流程來加以表達，C包含了三種常用的流程控制結構，分別是「循序結構」（Sequential Structure）、「選擇結構」（Selection Structure）以及「重複結構」（Repetition Structure）。

■ 循序結構

循序結構就是一種直線進行的概念

　　循序結構就是一個程式敘述由上而下接著一個程式敘述，沒有任何轉折的執行指令，如下圖所示：

■ 選擇結構

各位還記得在前面談到關係運算子的時候，簡單介紹了一下if指令，它就是一種選擇結構，就像你走到了一個十字路口，不同的目的地有不同的方向，各位在大學時，將自己的興趣與職場規劃作爲選校的標準，也是一種不折不扣的選擇結構。

汽車行進路口該轉向哪個方向就是種選擇結構

選擇結構（Selection Structure）對於程式語言，就是一種條件控制敘述，包含有一個條件判斷式，如果條件爲眞，則執行某些程式，一旦條件爲假，則執行另一些程式。如下圖所示：

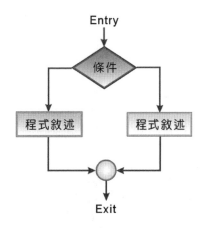

CHAPTER

6

■ 重複結構

重複結構主要是迴圈控制的功能。迴圈（Loop）會重複執行一個程式區塊的程式碼，直到符合特定的結束條件爲止。程式語言中依照結束條件的位置不同分爲兩種：

1. 前測試型迴圈：迴圈結束條件在程式區塊的前頭。符合條件者，才執行迴圈內的敘述，如下圖所示：

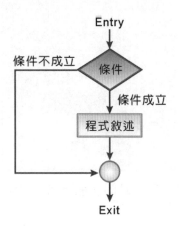

2. 後測試型迴圈：迴圈結束條件在程式區塊的結尾，所以至少會執行一次迴圈內的敘述，再測試條件是否成立，若成立則返回迴圈起點重複執行迴圈，如下圖所示：

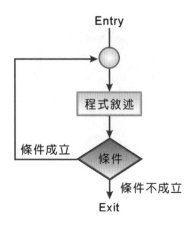

6-2 選擇結構

　　選擇結構必須配合邏輯判斷式來建立條件敘述，再依據不同的判斷的結果，選擇所應該進行的下一道程式指令，除了之前介紹過的條件運算子外，C中提供了四種條件控制指令：if、if-else、if else if以及switch，透過這些指令可以讓各位在程式撰寫上有更豐富的邏輯性。

6-2-1 if條件指令

　　if條件指令是C程式碼中相當熱門的指令之一，即使是相當陽春的程式，都經常可能用到它。在C中，if條件指令的語法格式如下所示：

```
if (條件判斷式)
{
    指令1;
    指令2;
    指令3;
    ……
}
```

　　當if的判斷條件成立時（傳回1），程式將執行括號內的指令；否則測試條件不成立（傳回0）時，則不執行括號內指令並結束if敘述。如下圖所示：

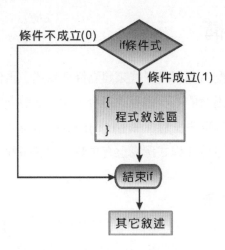

例如：

```
if(score>=60)
{
    printf("分數是%d\n",score);
    printf("成績及格\n");
}
```

如果{}區塊內的僅包含一個程式敘述，則可省略括號{}，可改寫如下：

```
if(score>60)
    printf("成績及格!");
```

【範例：CH06_01.c】

以下程式範例是讓各位輸入停車時數，以一小時40元收費，當大於一小時才開始收費，並列印出停車時數及總費用。

```
01 #include<stdio.h>
02 #include<stdlib.h>
03
04 int main()
05 {
06      int t,total;
07      printf("停車超過一小時,每小時收費40元\n");
08      printf("請輸入停車幾小時: ");
09      scanf("%d",&t);/*輸入時數*/
10      if(t>=1)
11      {
12          total=t*40;/*計算費用*/
13          printf("停車%d小時,總費用為:%d元\n",t,total);
14      }
15
16      return 0;
17 }
```

【執行結果】

```
停車超過一小時,每小時收費40元
請輸入停車幾小時: 13
停車13小時,總費用為:520元

------------------------------------
Process exited after 5.526 seconds with return value 0
請按任意鍵繼續 . . .
```

【程式解說】

　　第9行輸入停車時數。第10行利用if指令,當輸入的數字大於1時,會執行後方程式碼第11～14行。

6-2-2 if-else條件指令

　　雖然使用多重if條件指令可以解決各種條件下的不同執行問題,但始終還是不夠精簡,這時if-else條件指令就能派上用場了。簡單來說,if-else條件指令提供了兩種不同的選擇,當if的判斷條件成立時(傳回1),將執行if程式敘述區內的指令;否則執行else程式敘述區內的指令後結束if敘述。如下圖所示:

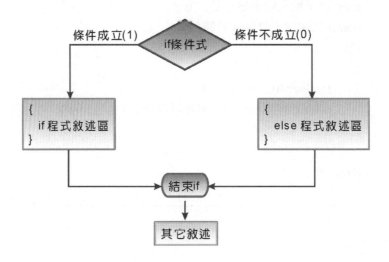

　　if-else敘述的語法格式如下所示:

```
if (條件運算式)
{
    程式敘述區;
}
else
{
    程式敘述區;
}
```

　　當然，如果if-else{}區塊內的僅包含一個程式敘述，則可省略括號{}，語法如下所示：

```
if (條件運算式)
        單一指令;
else
        單一指令;
```

【範例：CH06_02.c】

　　if-else條件指令可以讓選擇結構的程式碼可讀性更高，以下這個程式就利用了2的餘數值與if-else指令來判斷所輸入的數字是奇數或偶數。

```
01 #include <stdio.h>
02 #include <stdlib.h>
03
04 int main(void)
05 {
06     int num=0;   /*宣告字元變數*/
07     printf("請輸入一個正整數字:");
08     scanf("%d", &num);   /*輸入數值*/
09     if(num%2)   /*如果整數除以2的餘數等於0*/
10         printf("輸入的數為奇數。\n");   /*則顯示奇數"*/
11     else   /*否則*/
12         printf("輸入的數為偶數。\n");   /*則輸出偶數"*/
13
14     return 0;
15 }
```

【執行結果】

```
請輸入一個正整數字:19
輸入的數為,奇數。

─────────────────────────────────
Process exited after 11.18 seconds with return value 0
請按任意鍵繼續 . . .
```

【程式碼說明】

　　在第9行的if(num%2)判斷式中,由於整數除以2餘數只有1或0兩種,而在C中,非0的數都會被視為真,而將0視為假。所以當餘數等於1時則條件式將傳回true(條件式成立),反之當餘數為0時條件式將傳回false,則執行第11行else之後的指令。

6-2-3 if else if條件指令

　　接下來談到if else if條件指令,它是一種多選一的條件指令,讓使用者在if指令和else if中選擇符合條件運算式的程式指令區塊,如果以上條件運算式都不符合,就會執行最後的else指令,或者這也可看成是一種巢狀if else結構。語法格式如下:

if (條件運算式1)

　　程式敘述區1;

else if (條件運算式2)

　　程式敘述區2;

......

```
else if (條件運算式3)

    程式敘述區3;

……

else

    程式敘述區n;
```

　　如果條件運算式1成立，則執行程式指令區1，否則執行else if之後
的條件運算式2，如果條件運算式2成立，則執行程式指令區2，否則執行
else if之後的條件運算式3，依此類推，如果都不成立則執行最後一個else
的程式指令區n。以下為if else if條件敘述的流程圖：

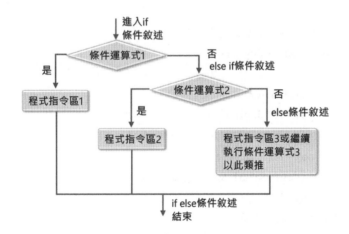

【範例：CH06_03.c】

　　以下程式範例由使用者輸入每月用電量，並計算該月的電費。假設每
月基本費為300元，而電量與度數的對應表如下：

度數	1～20度	21～60度	61～80度	81度以上
單價	10	12.5	18	22

　　請使用if else if指令與邏輯運算子來設計一個C程式，並計算每月用戶該交的電費。

```
01 #include <stdio.h>
02 #include <stdlib.h>
03
04 int main(void)
05 {
06
07     int degree,pay;
08
09     printf("請輸入電量度數:");
10     scanf("%d",&degree);
11
12     if(degree>=1 && degree<=20)
13         pay=10*degree;
14     else if (degree>=21 && degree<=60)
15         pay=12.5*degree;
16     else if (degree>=61 && degree<=80)
17         pay=18*degree;
18     else if (degree>=81)
19         pay=22*degree;/* if else 指令來計算電費 */
20     printf("本月用電有%d度,電費要%d元\n",degree,pay);
21
22     return 0;
23 }
```

【執行結果】

```
請輸入電量度數:108
本月用電有108度,電費要2376元

----------------------------------
Process exited after 5.43 seconds with return value 0
請按任意鍵繼續 . . .
```

【程式碼說明】

　　第10行輸入電量度數degree。第12行if判斷式中degree的值在1～20之間時，則執行第13行pay=10*degree，如果不成立則會繼續執行第14行。第14行if判斷式中degree的值在21～60之間時，則執行第15行pay=12.5*degree。如果還是不成立則會繼續執行第16行。第16行if判斷式中degree的值在61～80之間時，則執行第17行pay=18*degree。還是不成立時，則執行第18行，當degree>=81時，則執行第19行。

6-2-4 switch指令

　　各位有時候是不是會感覺到過多的else if指令往往容易造成程式維護或修改上的困擾，讓可讀性變低。因此C中提供了另一種選擇switch敘述，讓程式語法能更加簡潔易懂。switch指令是依據同一個運算式的不同結果來選擇要執行哪一段case指令，特別是這個結果值還只能是字元或整數常數，這點請各位務必記得，而if-else指令能直接與邏輯運算子配合使用，較沒有其它限制。

　　閒話少說，先來認識switch指令的語法格式：

```
switch(條件運算式)
{
```

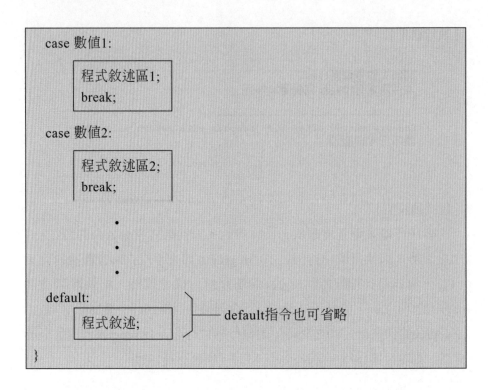

如果程式敘述僅包含一個指令，可以將程式敘述接到常數運算式之後。如下所示：

```
switch(條件運算式)
{
   case 數值1： 程式敘述1;
         break;
   case 數值2： 程式敘述2;
         break;
   default：程式敘述;
}
```

在switch條件指令中,首先求出運算式的值,再將此值與case的常數值進行比對。如果找到相同的結果值,則執行相對應的case內的程式敘述區,假如通通找不到吻合的常數值,最後會執行default敘述,如果沒有default敘述則結束switch敘述,default的作用有點像是if else if指令中最後那一道else的功用。

各位應該有留意在每道case指令最後,必須加上一道break指令來結束,這是做什麼用呢?在C中break的主要用途是用來跳躍出程式敘述區塊,當執行完任何case區塊後,並不會直接離開switch區塊,而是往下繼續執行其它的case,這樣會浪費執行時間及發生錯誤,只有加上break指令才可以跳出switch指令區。switch指令的執行流程圖如下所示:

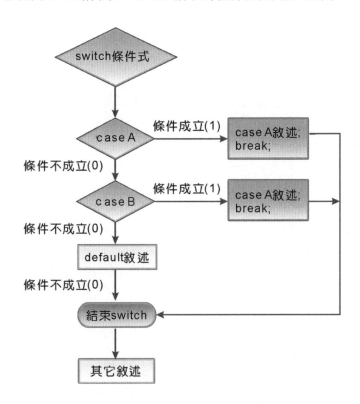

【範例：CH06_04.c】

　　以下程式範例是利用 switch 條件指令來完成簡易的計算機功能，只要由使用者輸入兩個浮點數值，再鍵入+、-、*、/四個鍵中任一鍵就可以進行運算出最後的結果，如果輸入格式有誤，則會輸出"運算式有誤"。

```
01 /*簡易的計算機功能*/
02 #include <stdio.h>
03 #include <stdlib.h >
04
05 int main(void)
06 {
07      float a,b; /* 宣告a,b為浮點數變數 */
08      char op_key;/* 宣告op_key為字元變數 */
09
10      printf("請輸入兩個浮點數數字與+,-,*,/:,如 200 * 30\n");
11      scanf("%f %c %f", &a,&op_key,&b);/*輸入字元並存入變數op_key*/
12
13      switch(op_key)
14      {
15      case '+':      /*如果op_key等於'+'*/
16          printf("\n%.2f %c %.2f = %.2f\n", a, op_key, b, a+b);
17          break;       /*跳出switch*/
18      case '-':  /*如果op_key等於'-'*/
19          printf("\n%.2f %c %.2f = %.2f\n", a, op_key, b, a-b);
20          break;   /*跳出switch*/
21      case '*':  /*如果op_key等於'*'*/
22          printf("\n%.2f %c %.2f = %.2f\n", a, op_key, b, a*b);
23          break;       /*跳出switch*/
24      case '/':      /*如果op_key等於'/'*/
25          printf("\n%.2f %c %.2f = %.2f\n", a, op_key, b, a/b);
```

```
26          break;     /*跳出switch*/
27    default:       /*如果op_key不等於 + - * / 任何一個*/
28          printf("運算式有誤\n");
29    }
30
31    return 0;
32 }
```

【執行結果】

```
請輸入兩個浮點數數字與+,-,*,/:,如 200 * 30
102 * 3

102.00 * 3.00 = 306.00


------------------------------------
Process exited after 6.001 seconds with return value 0
請按任意鍵繼續 . . . ▄
```

【程式碼說明】

第7行宣告a,b為浮點數變數。第8行宣告op_key為字元變數。第10～11行輸入運算式。第13～29行判斷運算子的字元為何再進行指定的運算。第17、20、23、26行的break指令是跳出switch結構。

6-3 重複結構

所謂重複結構，就是一種迴圈式控制，根據所設立的條件，重複執行某一段程式敘述，直到條件判斷不成立，才會跳出迴圈。在C中，就提供了for、while以及do-while三種迴圈指令來達成重複結構的效果，不論是哪一種迴圈主要就是由以下兩個基本要件所組成：

1.迴圈的執行主體，由程式指令區組成。

2.迴圈的條件判斷，決定迴圈何時停止執行的依據。

重複結構就是一種繞圈圈的概念

6-3-1 for迴圈指令

　　for迴圈又稱為計數迴圈，是重複結構中最常使用的一種迴圈模式，可以重複執行事先設定次數的迴圈，這些設定包括了迴圈控制變數的起始值、迴圈執行的條件運算式與控制變數更新的增減值三項。語法格式如下：

```
for(控制變數起始值;迴圈執行的條件運算式;控制變數增減值)
{
    程式指令區;
}
```

　　for迴圈執行步驟的詳細說明如下：

1. for迴圈中的括號中具有三個運算式，彼此間必須以分號（；）分開要設定跳離迴圈的條件以及控制變數的遞增或遞減值。這三個運算式相當具有彈性，可以省略不需要的運算式，也可以擁有一個以上的運算式，不過一定要設定跳離迴圈的條件以及控制變數的遞增或遞減值，否則會造成無窮迴路。
2. 設定控制變數起始值。
3. 如果條件運算式為真則執行for迴圈內的敘述。
4. 執行完成之後，增加或減少控制變數的值，可視使用者的需求來做控制，再重複步驟3。
5. 如果條件運算式為假，則跳離for迴圈。

下圖則是for迴圈的執行流程圖：

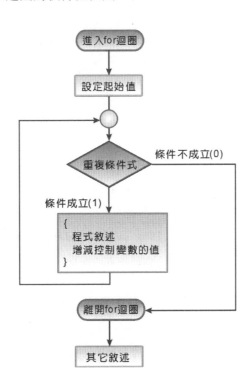

CHAPTER

6

【範例：**CH06_05.c**】

　　以下程式是利用for迴圈來計算1加到10的累加值，我們特別在迴圈外設定控制變數起始值，所以for迴圈中只有兩個運算式，不過分號不可省略。

```
01 #include <stdio.h>
02 #include <stdlib.h>
03
04 int main(void)
05 {
06     int i=1,sum=0;
07
08     for (;i<=10;i++)  /*定義for迴圈*/
09         sum+=i;      /*sum=sum+i*/
10
11     printf("1+2+3+...+10=%d\n", sum); /*印出sum的值*/
12
13     return 0;
14 }
```

【執行結果】

```
1+2+3+...+10=55

------------------------------------
Process exited after 0.1301 seconds with return value 0
請按任意鍵繼續 . . . ■
```

【程式碼說明】

　　第8行的for迴圈定義中，少了設定控制變數起始值，不過分號不可省

略，迴圈重複條件為i小於等於10時，則執行第9行將i的值累加到sum變
數，然後i的遞增值為1，直到當i大於10時，就會離開for迴圈。

接下來我們還要介紹一種for的巢狀for迴圈（Nested Loop）。所謂巢
狀for迴圈，就是多層式的for迴圈架構。在巢狀for迴圈中，執行流程必須
先等內層迴圈執行完畢，才會繼續執行外層迴圈。例如兩層式的巢狀for
迴圈格式如下：

```
for(控制變數起始值1; 迴圈重複條件式; 控制變數增減值)
{
        程式敘述區1;

        for(控制變數起始值2; 迴圈重複條件式; 控制變數增減值)
          {
              程式敘述區2;

          }
}
```

【範例：**CH06_06.c**】

以下的程式範例是利用兩層for迴圈的功用，讓使用者輸入任意的整
數n，並求出1!+2!+...+n!的總和。如下所示：

1!+2!+3!+4!+...+n-1!+n!

```
01 #include<stdio.h>
02 #include<stdlib.h>
03
04 int main(void)
```

```
05 {
06      int n,i,j,n1=1;
07      long sum=0;
08
09      printf("請輸入任一整數:");
10      scanf("%d",&n);
11
12      for(i=1;i<=n;i++)
13      {
14          for(j=1;j<=i;j++)
15              n1*=j; /* n!的值*/
16          sum+=n1;/* 1!+2!+3!+..n!*/
17          n1=1;
18      }
19
20      printf("1!+2!+3!+...+%d!=%d\n",n,sum);
21
22      return 0;
23 }
```

【執行結果】

```
請輸入任一整數:6
1!+2!+3!+...+6!=873

------------------------------------
Process exited after 2.436 seconds with return value 0
請按任意鍵繼續 . . .
```

【程式碼說明】

第12行外層for迴圈控制i輸出，表示可以運算n次。第14～15行是計算出n!的值，第16行再加總在sum變數中，第17行n1繼續重新設定爲1。

6-3-2 while迴圈指令

　　如果我們要執行的迴圈次數確定，當然for迴圈指令當然是最佳的選擇，對於某些無法確定執行次數的情況時，while迴圈及do while迴圈指令就能派上用場了。while迴圈指令與for迴圈指令類似，都是屬於前測試型迴圈。

　　簡單來說，前測試型迴圈的運作方式就是在程式指令區開頭時必須先檢查條件運算式，當運算式結果爲眞時，才會執行區塊內的指令。如果不成立，則會直接跳過while指令區往下執行。

　　迴圈內的指令區可以是一個指令或是多個指令。同樣地，如果有多個指令在迴圈中執行，就要使用大括號括住。此外，while迴圈必須自行加入控制變數起始值以及遞增或遞減運算式，否則條件式永遠成立時，將造成無窮迴圈。語法如下所示：

```
while(條件判斷式)
{
        程式指令區;

}
```

　　下圖爲while指令執行的流程圖：

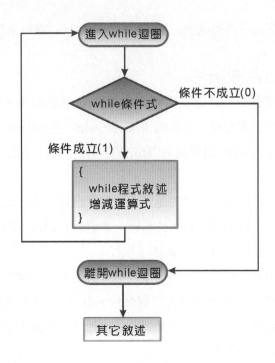

【範例：**CH06_07.c**】

　　以下程式範例是while迴圈指令的應用，是請使用者輸入一個整數，並將此整數的每一個數字反向輸出，例如輸入12345，這是程式可輸出54321。

```
01 #include <stdio.h>
02 #include <stdlib.h>
03
04 int main(void)
05 {
06      int n;
07
08      printf("請輸入任一整數:");
09      scanf("%d",&n);
```

```
10
11      printf("反向輸出的結果:");
12
13      while (n!=0) /* while迴圈 */
14      {
15           printf("%d",n%10);/* 求出餘數值 */
16           n/=10;
17      }
18      printf("\n");
19
20      return 0;
21 }
```

【執行結果】

```
請輸入任一整數:5348
反向輸出的結果:8435
----------------------------------
Process exited after 2.434 seconds with return value 0
請按任意鍵繼續 . . .
```

【程式碼說明】

　　第9行輸入任一個正整數n。第13行當n不等於0時執行while迴圈後大括號內的指令。第15行求出n的個位數數值，例如輸入的n=1234時，第一次會輸出4。第16行n被重新設定成n/10的整數值，例如輸入的n=1234時，第一次執行時n=n/10=123，接著重複執行迴圈內指令，直到n=0後結束迴圈。

6-3-3 do-while迴圈指令

　　do-while迴圈指令與while迴圈指令算得上是雙胞胎兄弟，都是當條件式成立時才會執行迴圈內的指令，兩者間唯一的不同點在於do-while迴圈內的程式碼，無論如何至少會被執行一次，我們稱為這是一種後測試型迴圈。

　　各位可以把條件判斷式想像成是一道門，while迴圈的門是在前面，如果不符合條件連進門的機會都沒有。至於do while迴圈的門是在後端，所以無論如何都能執行迴圈內一次，如果成立的話再返回迴圈起點重複執行指令區。do while指令的語法格式如下：

```
do
{
    :
      程式指令區;

} while (條件判斷式);    /* 請記得加上; 號 */
```

　　下圖為do while指令執行的流程圖：

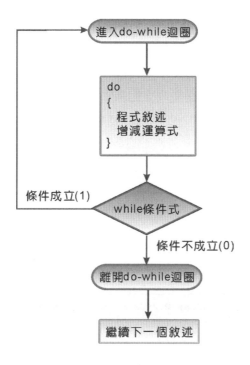

CHAPTER

6

【範例：CH06_08.c】

　　以下程式範例是假如有一隻蝸牛準備爬一棵30公尺的大樹，白天往上爬2公尺，但晚上會掉下1公尺，請問要幾天才可爬到樹的頂端？請設計一C程式，利用do while迴圈敘述來解決這個問題。

```
01 #include <stdio.h>
02 #include <stdlib.h>
03
04 int main(void)
05 {
06     int h=30,day=0;
07     do   /*do-while迴圈開始*/
08     {
```

```
09          day++;    /*天數*/
10          if(h-=3)  /*每執行一次迴圈高度減少3公尺(h=h-3)*/
11               h++;  /*加回1公尺(h=h+1)*/
12        } while(h>0); /*迴圈成立的條件為高度大於0*/
13        printf("蝸牛需要 %d 天\n", day); /*印出天數*/
14
15        return 0;
16 }
```

【執行結果】

```
蝸牛需要 15 天

--------------------------------
Process exited after 0.2108 seconds with return value 0
請按任意鍵繼續 . . .
```

6-4 流程跳離指令

　　對於一個利用基本流程控制寫出的結構化設計程式，有時候使用者會出現一些特別的需求，例如必須中斷，讓迴圈提前結束，這時可以使用break或continue敘述，不過這種跳離指令很容易造成程式碼可讀性的降低，各位在使用上必須相當注意。

6-4-1 break指令

　　break指令的主要用途是用來跳離最近的for、while、do-while與switch 的敘述本體區塊，並將控制權交給所在區塊之外的下一行程式。請特別注意，當遇到巢狀迴圈時，break敘述只會跳離最近的一層迴圈，而且多半會配合if指令來使用，語法格式如下：

```
break;
```

　　以下程式是利用巢狀for迴圈與break指令來設計如下圖的畫面，各位可以了解當執行到break指令時會跳過該次迴圈，重新從下層迴圈來執行，也就是不會輸出5的數字：

```
1
12
123
1234
1234
1234
```

【範例：CH06_09.c】

```c
01 #include <stdio.h>
02 #include <stdlib.h>
03
04 int main(void)
05 {
06     int a=1,b;
07     for(a; a<=6; a++)            /*外層for迴圈控制y軸輸出*/
08     {
09         for(b=1; b<=a; b++) /*內層for迴圈控制x軸輸出*/
10         {
11             if(b == 5)
12                 break;
13             printf("%d ",b);/*印出b的值*/
14         }
```

```
15          printf("\n");
16      }
17
18      return 0;
19  }
```

【執行結果】

```
1
1 2
1 2 3
1 2 3 4
1 2 3 4
1 2 3 4
--------------------------------
Process exited after 0.1562 seconds with return value 0
請按任意鍵繼續 . . .
```

【程式碼說明】

第7行與第9行宣告使用兩個for迴圈。第11行的if敘述，在b的值等於5時就會執行break敘述，並跳出最近的for迴圈到第15行來繼續執行，當然也不會執行第13行指令。

6-4-2 continue指令

在迴圈中遇到continue敘述時，會跳過該迴圈剩下指令而到迴圈的開頭處，重新執行下一次的迴圈；而將控制權轉移到迴圈開始處，再開始新的迴圈週期。continue與break的差異處在於continue只是忽略之後未執行的指令，但並未跳離該迴圈。語法格式如下：

```
continue;
```

　　以下程式將上述範例中第12行的break指令直接替換成continue指令，
請想想看，會得到什麼樣的執行結果呢？

【範例：**CH06_09a.c**】

```
01 #include <stdio.h>
02 #include <stdlib.h>
03
04 int main(void)
05 {
06      int a=1,b;
07      for(a; a<=6; a++)          /*外層for迴圈控制y軸輸出*/
08      {
09          for(b=1; b<=a; b++) /*內層for迴圈控制x軸輸出*/
10          {
11              if(b == 5)
12                  continue; /*換成continue指令*/
13                  printf("%d ",b); /*印出b的值*/
14          }
15          printf("\n");
16      }
17
18      return 0;
19 }
```

【執行結果】

```
1
1 2
1 2 3
1 2 3 4
1 2 3 4
1 2 3 4 6

--------------------------------
Process exited after 0.1098 seconds with return value 0
請按任意鍵繼續 . . .
```

【程式碼說明】

　　第7行外層for迴圈控制y軸輸出。第9行內層for迴圈控制x軸輸出。如果符合第11行的if判斷式，那麼在b的值等於5時就會執行指令，那麼第11行的指令將不會被執行，而回到第9行的for迴圈繼續執行，因此5是不會被印出來。

6-5 上機程式測驗

1. 我們知道符號"!"是代表數學上的階乘值。如4階乘可寫為4!，是代表1*2*3*4的值，5!=1*2*3*4*5，請利用for迴圈計算出10!的值。

   解答：CH06_10.c

2. 以下程式範例是利用while迴圈來求出使用者所輸入整數的所有正因數，例如輸入整數8，正因數有1、2、4、8。

   解答：CH06_11.c

3. 請設計一程式，利用循序結構，由使用者自行輸入梯形的上底、下底和高，並計算出梯形的面積。梯形面積公式如下：

   > 梯形面積公式：（上底+下底）*高/2

   解答：CH06_12.c

5. 請設計一C程式能夠讓使用者輸入密碼，並且進行簡單密碼驗證工作，不過輸入次數以三次為限，超過三次則不准登入，假如目前密碼為3388。

   解答：CH06_13.c

6. 請設計一個C程式，利用if else if條件指令來執行潤年計算規則，以讓使用者輸入西元年分來判斷是否為潤年，潤年計算的規則是「四年一潤，百年不潤，四百年一潤」。

   解答：CH06_14.c

本章課後評量

1. 何謂「無窮迴圈」？試舉例說明。

2. 結構化程式設計分為三種基本流程結構？

3. 選擇式結構的條件敘述可區分為哪3種敘述？

4. 何謂後測試型迴圈？

5. 何謂巢狀if條件指令？試說之。

6. 請問switch條件運算式的結果必須是什麼資料型態？

7. 請看以下程式碼片段，它哪邊出了問題？試修改之。

```
if(a < 60)
    if( a < 58)
    printf("成績低於58分，不合格\n");
    else
    printf("成績高於60，合格！");
```

8. 下面這個程式碼片段有何錯誤？請說明你的建議。

```
switch ch
{
    case '+':
        printf("a + b = %.2f\n", a + b);
    case '-':
        printf("a - b = %.2f", a - b);
    case '*':
        printf("a * b = %.2f", a * b);
    case '/':
        printf("a / b = %.2f", a / b);
}
```

9. 試說明default指令的功用。

10. 以下程式碼中的else指令，是配合哪一個if指令，試說明之。

```
if (number % 3 == 0)
    if (number % 7 == 0)
        printf("%d是3與7的公倍數\n",number);
    else
        printf("%d不是3的倍數\n",number);
```

11. 試問下列程式碼中，最後k值會為多少？

```
int k=10;
while(k<=25)
{
  k++;
}
printf("%d"k);
```

12. 下面的程式碼片段有何錯誤？試說明之。

```
n=45;
do
{
    printf("%d",n);
    ans*=n;
    n--;
}while(n>1)
```

13. 試敘述while迴圈與do while迴圈的差異。

第七章

陣列與字串

　　陣列（Array）是屬於C語言中的一種延伸資料型態，各位可以把陣列看作是一群具有相同名稱與資料型態的集合，並且在記憶體中占有一塊連續記憶體空間。在程式撰寫時，只要使用單一陣列名稱配合索引值（Index），處理一群相同型態的資料。這個觀念有點像學校的私物櫃，一排外表大小相同的櫃子，區隔的方法是每個櫃子有不同的號碼。

　　在前面的章節，我們已經簡單介紹了字元型態。事實上，在C中並沒有所謂字串的基本資料型態，而是使用字元陣列的方法來表示字串。本章中將先介紹陣列的定義與相關使用方法，再說明如何使用陣列處理字元與字串的應用。

7-1 陣列簡介

在 C 語言中，一個陣列元素可以表示成一個「索引」和「陣列名稱」。在程式撰寫時，只要使用單一陣列名稱配合索引值（Index），處理一群相同型態的資料。通常陣列的使用可以分為一維陣列、二維陣列與多維陣列等等，基本的運作原理都相同。

7-1-1 一維陣列

一維陣列（One-dimensional Array）是最基本的陣列結構，只利用到一個索引值，就可存放多個相同型態的資料。陣列也和一般變數一樣，必須事先宣告，編譯時才能分配到連續的記憶區塊。在 C 中，一維陣列的語法宣告如下：

> 資料型態　陣列名稱[陣列長度];

當然也可以在宣告時，直接設定初始值：

> 資料型態　陣列名稱[陣列長度]={初始值1,初始值2,…};

- **資料型態**：表示該陣列存放的資料型態。
- **陣列名稱**：命名規則與一般變數相同。
- **元素個數**：表示陣列可存放的資料個數，為一個正整數常數。若是只有中括號，即沒有指定常數值，則表示是定義不定長度的陣列（陣列的長度會由設定初始值的個數決定）。例如底下定義的陣列Temp，其元素個數會自動設定成3：

```
int Temp[]={1, 2, 3};
```

　　例如在下圖中的Array_Name一維陣列，代表擁有5筆相同資料的陣列。藉由名稱Array_Name與索引值，即可方便的存取這5筆資料。如下所示：

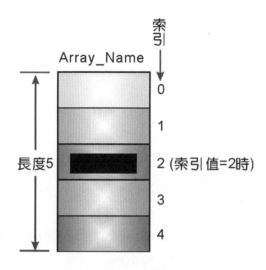

　　至於在設定陣列初始值時，如果設定的初始值個數少於陣列定義時的元素個數，則其餘的元素將被自動設定為0。例如：

```
int Score[5]={68, 84, 97};
```

　　以下的方式則會將陣列中所有元素都設定為同一數值。例如：

```
int item[5]={0}; /* item陣列中所有元素初值皆為0 */
```

　　以下舉出C中幾個一維陣列的宣告實例：

CHAPTER

7

```
int a[5];/*宣告一個int型態的陣列a，陣列a中可以存放5筆資料*/
long b[3];/*宣告一個long型態的陣列b，b可以存放3筆資料*/
float c[10];/*宣告一個float型態的陣列c，c可以存放10筆資料*/
```

　　基本上，對於定義好的陣列，可以藉由索引值的指定來存取陣列中的資料。例如在C語言中定義如下的陣列：

```
int Score[5];
```

　　如果這樣的陣列代表5筆學生成績，而在程式中需要印出第3個學生的成績，可以如下表示：

```
printf("第3個學生的成績:%d",Score[2]);
```

　　讀者可能覺得奇怪，印出第3個學生的成績怎麼會使用Score[2]呢？這是因為在C中，陣列的索引值是從0開始。

　　以下程式範例宣告並設定一維陣列來記錄五個學生的分數，並使用for迴圈輸出每筆學生成績及計算分數總和。

【範例：CH07_01.c】

```
01 #include <stdio.h>
02 #include <stdlib.h>
03
04 int main(void)
05 {
06     int Score[5]={ 87,56,90,65,80 };
07     /* 定義整數陣列 Score[5],並設定5筆成績 */
```

```
08      int count, Total=0;
09      for (count=0; count < 5; count++) /* 執行 for 迴圈讀取學生成績 */
10      {
11              printf("第 %d 位學生的分數:%d\n", count+1,Score[count]);
12              Total+=Score[count];  /* 由陣列中讀取分數計算總合 */
13      }
14      printf("------------------------\n");
15      printf("5位學生的總分:%d\n", Total);
16      /* 輸出成績總分 */
17      printf("------------------------\n");
18
19      return 0;
20 }
```

【執行結果】

```
第 1 位學生的分數:87
第 2 位學生的分數:56
第 3 位學生的分數:90
第 4 位學生的分數:65
第 5 位學生的分數:80
------------------------
5位學生的總分:378
------------------------

------------------------
Process exited after 0.1187 seconds with return value 0
請按任意鍵繼續 . . .
```

【程式碼說明】

　　第6行宣告整數陣列時，直接設定學生5筆成績初始值。第9～13行中透過for迴圈，設定count變數從0開始計算，並當作陣列的索引值，把使用者輸入的資料寫入陣列中。第12行則使用整數變數Total累計總分。第15行輸出Total的值。

7-1-2 二維陣列

　　二維陣列（Two-dimension Array）可視為一維陣列的延伸，只不過需將二維轉換為一維陣列。例如一個含有m*n個元素的二維陣列A，m代表列數，n代表行數，各個元素在直觀平面上的排列方式如下：

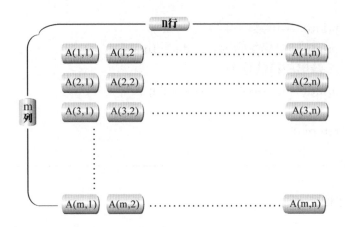

　　二維陣列的宣告語法格式如下：

資料型態　陣列名稱 [m] [n]；

　　例如宣告陣列A的列數是2，行數是3，所有元素個數為6。格式如下所示：

int A [2] [3]；

　　那麼這個陣列會有2列3行的元素，也就是每列有三個元素，也就是陣列元素分別是A[0][0],A [0][],A[0][2],…,A[1][2]。陣列中元素的分布圖說明如下：

| 第 0 列 | A(0,0) | A(0,1) | A(0,2) |
| 第 1 列 | A(1,0) | A(1,1) | A(1,2) |

請注意！在存取二維陣列中的資料時，使用的索引值（Index）仍然是由0開始計算。至於在二維陣列設初始值時，為了方便區隔行與列，所以除了最外層的{}外，最好以{}括住每一列的元素初始值，並以「，」區隔每個陣列元素，例如：

```
int A[2][3]={{1,2,3},{2,3,4}};
```

還有一點要特別說明，C對於多維陣列註標的設定，只允許第一維可以省略不用定義，其它維數的註標都必須清楚定義長度。例如：

```
int  A[ ][3]={{1,2,3},{2,3,4}};  /* 合法的宣告 */
int  A[2][ ]={{1,2,3},{2,3,4}};  /* 不合法的宣告 */
```

【範例：CH07_02.c】

以下程式範例相當簡單，用意是讓大家體會二維陣列的運作模式。其中Tel_fee陣列只用一個大括號含括，並設定三個電話號碼及每個號碼的帳單，最後請以for迴圈並列輸出每個號碼與帳單金額。

```
01 #include <stdio.h>
02 #include <stdlib.h>
03
04 int main(void)
05 {
```

```
06      int i;
07      int Tel_fee[3][2]={ 2227317,1430,2253227,2850,2232081,4580 };
08      /* 定義與宣告整數二維陣列 */
09
10      printf("--電話號碼與費用明細表--\n");
11      for(i=0;i<3;i++)
12      {
13          printf("%d      %d元\n",Tel_fee[i][0],Tel_fee[i][1]);
14          printf("-----------------------------------\n");
15      }
16      /* 輸出電話號碼與費用 */
17
18      return 0;
19 }
```

【執行結果】

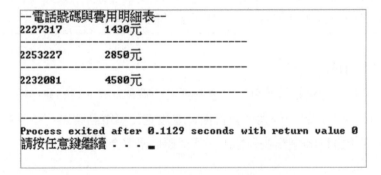

【程式碼說明】

　　第7行在宣告二維陣列Tel_fee時，同步設定起始值。第11～15行以for
迴圈輸出每筆電話號碼與費用。

CHAPTER

7

7-1-3 多維陣列

　　最後再來討論多維陣列的宣告與使用。其實在C中，凡是二維以上的陣列都可以稱作多維陣列，想要提高陣列的維度，只要在宣告陣列時，增加中括號與索引值即可。定義方式如下所示：

資料型態 陣列名稱[元素個數] [元素個數] [元素個數]……. [元素個數];

　　以下舉出C中幾個多維陣列的宣告實例：

int Three_dim[2][3][4];/* 三維陣列 */
int Four_dim[2][3][4][5]; /* 四維陣列 */

　　現在讓我們來針對三維陣列（Three-dimension Array）較為詳細多說明，基本上三維陣列的表示法和二維陣列一樣皆可視為是一維陣列的延伸，請看下圖：

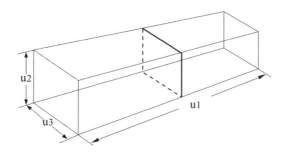

　　例如：宣告一個int型態的三維陣列A

int A[2][2][2]={{{1,2},{5,6}},{{3,4},{7,8}}};

　　上列程式中的陣列A是一個三維的陣列，它的三個維數的元素個數都是2，因此陣列A共有8（亦即2×2×2）個元素。可以使用立體圖形表示如下：

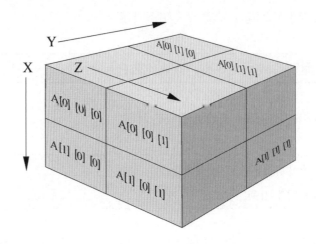

【範例：CH07_03.c】

　　以下程式範例很簡單地宣告並設定初值的三維陣列所有元素值，讓各位能從三層巢狀for迴圈輸出陣列元素的過程中，更清楚三維陣列索引值與元素的關係。

```
01 #include <stdio.h>
02 #include <stdlib.h>
03
04 int main(void)
05 {
06
07     int A[2][2][2]={{{1,2},{5,6}},{{3,4},{7,8}}};
08
09     int i,j,k;
10
```

```
11      for(i=0;i<2;i++) /* 外層迴圈 */
12          for(j=0;j<2;j++) /* 中層迴圈 */
13              for(k=0;k<2;k++) /* 內層迴圈 */
14                  printf("A[%d][%d][%d]=%d\n",i,j,k,A[i][j][k]);
15                  /* 列出三維陣列中的元素 */
16
17      return 0;
18  }
```

【執行結果】

```
A[0][0][0]=1
A[0][0][1]=2
A[0][1][0]=5
A[0][1][1]=6
A[1][0][0]=3
A[1][0][1]=4
A[1][1][0]=7
A[1][1][1]=8

--------------------------------
Process exited after 0.1177 seconds with return value 0
請按任意鍵繼續 . . .
```

【程式碼說明】

　　第7行中，宣告了一個2x2x2的三維陣列，各位可以將其簡化為二個2x2的二維陣列，並同時設定初始值。由於A是三維陣列，所以能夠利用第11-13行三層巢狀for迴圈將元素值讀出。

7-2 認識字串

　　如果與其它的程式語言相比，例如Visual Basic，C在字串處理方面就顯得相當複雜。因為使用者必須自行處理有關字串長度、字元陣列等等問

題，甚至一些基本的字串複製等操作，都必須注意相關的事項。雖然有以
上種種麻煩，然而熟悉後，就可以更有彈性地操作字串。

7-2-1 字元陣列與字串

在C中，並沒有字串的基本資料型態。所以如果要在C程式中儲存字
串，必須使用字元陣列來表示，不過字串不等於字元陣列，因為它多了一
個'\0'字元。簡單來說，'a'是一個字元常數，是以單引號（'）包括起來，
而"a"則是一個字串常數，是以雙引號（"）包括起來。兩者的差別在於字
串的結束處會多安排一個位元組的空間來存放'\0'字元（Null字元，ASCII
碼為0），作為字串結束時的符號。在C中字串宣告方式有兩種：

> 方式1：char 字串變數[字串長度]="初始字串";
> 方式2：char 字串變數[字串長度]={'字元1', '字元2', ... ,'字元n', '\0'};

例如以下四種宣告方式：

```
char Str_1[6]="Hello";
char Str_2[6]={ 'H', 'e', 'l', 'l', 'o' , '\0'};
char Str_3[ ]="Hello";
char Str_4[ ]={ 'H', 'e', 'l', 'l', 'o', '!'};
```

在第一、二、三種方式中都是合法的字串宣告，雖然Hello只有五個
字元，但因為編譯器還必須加上'\0'字元，所以陣列長度需宣告為6，如宣
告長度不足，可能會造成編譯器上的錯誤。

當然各位也可以選擇不要填入陣列大小，讓編譯器來自動安排記憶體
空間，如第三種方式。但Str_4並不是字串常數，因為最後字元並不是'\0'
字元，輸出時會出現奇怪的符號。

【範例：CH07_04.c】

　　以下程式僅作宣告字串方式的示範，各為可以針對執行結果來加以比較，字串最大的特性是需要安排一個位元組的空間來存放'\0'字元。

```
01 #include <stdio.h>
02 #include <stdlib.h>
03
04 int main(void)
05 {
06      char Str1[6]="Hello";
07      char Str2[6]={ 'H', 'e', 'l', 'l', 'o','\0'};
08      char Str3[ ]="Hello";
09      /*以上都可視為字串的宣告*/
10      char Str4[ ]={ 'H', 'e', 'l', 'l', 'o'};
11      /*Str4只是字元陣列*/
12
13      printf("Str1 占用空間:%d 位元 字串Str1 的內容:%s\n", sizeof(Str1),Str1);
14      printf("Str2 占用空間:%d 位元 字串Str_2 的內容:%s\n", sizeof(Str2),Str2);
15      printf("Str3 占用空間:%d 位元 字串Str_3 的內容:%s\n", sizeof(Str3),Str3);
16      printf("Str4 占用空間:%d 位元 字串Str_4 的內容:%s\n", sizeof(Str4),Str4);
17      /*輸出字串與字元陣列的空間與內容*/
18
19      return 0;
20 }
```

【執行結果】

```
Str1 佔用空間:6 位元 字串Str1 的內容:Hello
Str2 佔用空間:6 位元 字串Str_2 的內容:Hello
Str3 佔用空間:6 位元 字串Str_3 的內容:Hello
Str4 佔用空間:5 位元 字串Str_4 的內容:Hello        7

------------------------------------
Process exited after 0.3089 seconds with return value 0
請按任意鍵繼續 . . .
```

【程式碼說明】

　　第6～8行分別以不同方式宣告字串。第10行Str4只是一種字元陣列，因爲沒有'\0'字元。第13～15行中，輸出占用的空間爲6位元，因爲多了'\0'字元。第16行中所輸出了Str4字元陣列，由於沒有以'\0'字元結尾，所以輸出時會出現奇怪的符號。

　　由於字串不是C的基本資料型態，所以無法利用陣列名稱直接指定給另一個字串，如果需要指定字串，各位必須從字元陣列中一個一個取出元素內容作複製。例如以下爲不合法的指定方式：

```
char Str_1[]="changeable";
char Str_2[20];
……
Str_2=Str_1; /* 不合法的語法 */
```

【範例：CH07_05.c】

　　以下程式範例就是說明如何自行設計一個字串複製函數，能將某一字串中的字元逐一拷貝到另一字串。

```
01 #include <stdio.h>
02 #include <stdlib.h>
03 #define length 40
04
05 void string_copy(char arr1[],char arr2[]);/* 拷貝函數原型宣告 */
06
07 int main(void)
08 {
09     char Str1[length]; /* 定義字元陣列 Str1[40] */
10     char Str2[length]; /* 定義字元陣列 Str2[40] */
```

```
11
12      printf("請輸入準備拷貝的字串:");
13      scanf("%s",Str1);/* 輸入字串 */
14      string_copy(Str1,Str2);/* 呼叫函數 */
15      printf("拷貝後的字串:%s\n",Str2);
16
17      return 0;
18 }
19
20 void string_copy(char arr1[],char arr2[])
21 {
22      int i;
23      for(i=0;i<length;i++)
24           arr2[i]=arr1[i];/* 逐一拷貝字元 */
25 }
```

【執行結果】

```
請輸入準備拷貝的字串:hello
拷貝後的字串:hello

--------------------------------
Process exited after 17.87 seconds with return value 0
請按任意鍵繼續 . . .
```

【程式碼說明】

　　第5行宣告以陣列呼叫的函數原型宣告。第9～10行定義兩個字元陣列。第14行呼叫string_copy()函數，並且傳遞兩個字元陣列。第23～24行中，是執行逐一拷貝陣列中字元的過程。

7-2-2 字串陣列

　　單一的字串是以一維的字元陣列來儲存，如果有多個關係相近的字串集合時，就稱為字串陣列，這時可以使用二維字元陣列來表達。字串陣列使用時也必須事先宣告，宣告方式如下：

```
char 字串陣列名稱[字串數][字元數]；
```

　　上式中字串數是表示字串的個數，而字元數是表示每個字串的最大可存放字元數。當然也可以在宣告時就設定初值，不過要記得每個字串元素都必須包含於雙引號之內。例如：

```
char 字串陣列名稱[字串數][字元數]={ "字串常數1", "字串常數2", "字串常數3"…}；
```

　　例如以下宣告Name的字串陣列，且包含五個字串，每個字串括'\0'字元，長度共為十個位元組：

```
char Name[5][10]={"John",
                  "Mary",
                  "Wilson",
                  "Candy",
                  "Allen"
                  };
```

　　當各位要輸出此Name陣列中字串時，可以直接以printf(Name[i])，這樣看似一維的指令輸出即可，因為每個字串都跟著一串字元，這點是較為特別之處。以下這個程式範例就是簡單說明字串陣列的宣告與輸出方式。

【範例：**CH07_06.c**】

```
01 #include <stdio.h>
02 #include <stdlib.h>
03
04 int main(void)
05 {
06      char Name[5][10]=
07      {
08          "John",
09          "Mary",
10          "Wilson",
11          "Candy",
12          "Allen"
13      };/* 字串陣列的宣告 */
14      int i;
15
16      for(i=0;i<5;i++)
17          printf("Name[%d]=%s\n",i,Name[i]); /* 印出字串陣列內容 */
18
19      printf("\n");
20
21      return 0;
22 }
```

【執行結果】

```
Name[0]=John
Name[1]=Mary
Name[2]=Wilson
Name[3]=Candy
Name[4]=Allen


--------------------------------
Process exited after 0.1183 seconds with return value 0
請按任意鍵繼續 . . .
```

【程式碼說明】

　　第6～13行中宣告了一個字串陣列Name。第17行中以格式化字元%s直接將Name陣列以一維方式輸出該字串，不過如果要輸出第i字串的第j個字元，則必須使用二維方式，如printf(Name[i-1][j-1])。

7-3 上機程式測驗

1. 請設計一個C程式，利用二維陣列的方式來撰寫一個求二階行列式的範例。提示：二階行列式的計算公式為：a1*b2-a2*b1。

   解答：CH07_07.c

2. 請設計一C程式，讓使用者任意輸入字串，可將字串中的英文大寫字母轉為小寫，小寫字母轉換為大寫，最後輸出新字串。

   解答：CH07_08.c

3. 請設計一C程式，實作一個讓使用者輸入的原始字串資料反向排列輸出的結果。

   解答：CH07_09.c

4. 請設計一C程式，利用scanf()函數與while迴圈來逐一讀取字元，並計算此字串的長度，這個字串中不可以包含空格。

   解答：CH07_10.c

5. 請設計一C程式，結合if-else條件敘述與一維陣列的應用。也就是宣告一個長度為20的陣列來儲存二十個學生成績級距的學生人數，及加入學生成績的分布圖，並以星號代表該級距的人數。

   解答：CH07_11.c

6. 請設計一C程式，利用二維整數陣列來儲存兩個班級共10位學生的成績，並分別計算該班5位學生的總分，此陣列內容如下：

```
int Score[2][5]={ 77, 85, 73, 64, 91, 68, 89, 79, 94, 83 };
```

解答：CH07_12.c

7. 請設計一C程式，來計算出以下陣列中每個字串的實際英文字元長度：

> char Name[5][10]={"John", "Mary", "Wilson","Candy","Allen"};

解答：CH07_13.c

8. 請設計一C程式，利用for迴圈來將一個利用整行輸入的字串複製到另一字串。

解答：CH07_14.c

本章課後評量

1. 請問底下的多維陣列的宣告是否正確？

> int A[3][ ]={{1,2,3},{2,3,4},{4,5,6}}；

2. 請問以下指令哪裡有錯？

> char Str_1[]="changeable";
>
> char Str_2[20];
>
> ……
>
> Str_2=Str_1;

3. 下面這個程式預定要顯示字串內容，但是結果不如預期，請問出了什麼問題？

```
01 #include <stdio.h>
02 int main(void){
03      char str[]={'J','u','s','t'};
04      printf("%s",str);
05      return 0;
06 }
```

4.請問底下的多維陣列的宣告是否正確？

> int A[3][ ]={{1,2,3},{2,3,4},{4,5,6}}；

5.請問此二維陣列中有哪些陣列元素初始值是0？

> int A[2][5]={{77, 85, 73}, {68, 89, 79, 94} };

6.假設這個陣列的起始位置指向1200，試求出address[23] 的記憶體開始位置。

7.請簡述'a'與"a"的不同？

8.下面這個程式片段哪邊出了錯誤？

```
01 char str[80];
02 printf("請輸入字串：");
03 scanf("%c", &str);
04 printf("您輸入的字串為：%s", str);
```

9.為了要顯示陣列中所有元素的值，我們使用for迴圈，但結果並不正確，請問下面這個程式碼哪邊出了問題？

```
01 #include <stdio.h>
02
03 int main(void)
04 {
05     int arr[5] = {1, 2, 3, 4, 5};
06     int i;
07     for(i = 1; i <= 5; i++)
08         printf("a[%d] = %d\n", i, arr[i]);
09     return 0;
10 }
```

第八章

函數

我們知道模組化的概念從實作的角度來看，就是函數（Function）。所謂函數，簡單來說，就是一段程式敘述的集合，並且給予一個名稱來代表此程式碼集合。C中提供了相當方便實用的函數功能，在中大型程式的開發中，為了程式碼的可讀性及利於程式專案的規劃，通常會將程式切割成一個個功能明確的函數，而這就是一種模組化概念的充分表現。

函數本身就代表一種分工合作的概念

8-1 認識函數

　　函數是C的主要核心架構與特色，整個C程式的撰寫，就是由這些各具功能的函數所組合而成。我們程式碼除了可以直接撰寫在主程式main()中，當然main()本身也是一種函數，C的函數只有兩種類型，可區分為系統本身提供的公用函數庫及各位自行定義的自訂函數。使用公用函數只要將所使用的相關函數標頭檔含括（Include）進來即可，而自訂函數則是自己要花腦筋來設計的函數，這也是本章將要說明的重點所在。

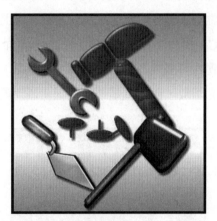

不同功能的函數就像是不同用途的工具

8-1-1 函數原型宣告

　　由於C程式在進行編譯時是採用由上而下的順序，如果在函數呼叫前沒有編譯過這個函數的定義，那麼C編譯器就會傳回函數名稱未定義的錯誤。因此函數跟變數一樣，當各位使用時一定要從開始宣告。原型宣告的位置是放置於程式開頭，通常是位於#include指令與main()之間，或者也可以放在main()函數中，宣告的語法格式如下：

CHAPTER

8

傳回資料型態 函數名稱(資料型態 參數1, 資料型態 參數2, ……….);
或
傳回資料型態 函數名稱(資料型態, 資料型態, ……….);

　　例如一個函數sum()可接收兩筆成績參數，並傳回其最後計算總和值，原型宣告如下兩種方式：

int sum(int score1,int score2)；
或是
int sum(int, int)；

　　如果函數不用傳回任何值，或者函數中沒有任何參數傳遞，都可用void關鍵字形容：

void sum(int score1,int score2)；
int sum(void);
int sum(); /*直接以空括號表示也合法*/

　　請注意！如果呼叫函數的指令位在函數主體定義之後可以省略原型宣告，否則就必須在尚未呼叫函數前，先行宣告自訂函數的原型（Function Prototype），來告訴編譯器有一個還沒有定義，卻將會用到的自訂函數存在。不過為了程式的可讀性考量，我們建議盡量養成每一個函數都能原型宣告的習慣。

【範例：CH08_01.c】

　　以下程式範例宣告了兩個自訂函數f_abs()與cubic_abs(f)分別求出某實數的絕對值與該數立方的絕對值。

```
01 #include <stdio.h>
02 #include <stdlib.h>
03
04 float cubic_abs(float o1);/* 函數cubic_abs()的原型宣告 */
05 float f_abs(float);/* 函數f_abs()的原型宣告 */
06
07 int main(void)
08 {
09      float f1;
10
11      printf("請輸入一實數:"); /* 輸入實數 */
12      scanf("%f",&f1);
13      printf("f_abs(%f)=%.2f\n",f1,f_abs(f1)); /* 印出絕對值 */
14      printf("cubic_abs(%f)=%.2f\n",f1,cubic_abs(f1));
15
16      return 0;
17 }
18
19 float cubic_abs(float o1)
20 {
21      return f_abs(o1*o1*o1);
22 }
23
24 float f_abs(float o) /* 自訂函數f_abs()傳回絕對值 */
25 {
26      if (o<0)
27          return -1*o;
28      else
29          return o;
30 }
```

【執行結果】

```
請輸入一實數:5.6
f_abs(5.600000)=5.60
cubic_abs(5.600000)=175.62

------------------------------------
Process exited after 5.075 seconds with return value 0
請按任意鍵繼續 . . . ■
```

【程式碼說明】

在第4、5行中分別宣告了f_abs()與cubic_abs()的函數原型,因此在main()函數中彼此間可呼叫這些函數。第14行的cubic_abs()函數中可以直接呼叫f_abs()函數。第19～22行定義cubic_abs()的函數內容,第24～30行定義f_abs()的函數內容。

8-1-2 定義函數主體

各位清楚函數的原型宣告後,接下來我們要來討論如何定義函數主體的架構。自訂函數的定義方式與main()函數中程式碼的撰寫類似,基本架構如下:

```
函數型態 函數名稱(資料型態 參數1, 資料型態 參數2, ………..)
{

    程式指令區;
    :
    return傳回值;

}
```

　　函數名稱是開始定義函數的第一步，是由各位的喜好來自行來命名，命名規則與變數命名規則相似，最好能具備可讀性。千萬避免使用不具任何意義的字眼作為函數的名稱，例如bbb、aaa等，不然函數一多就會讓人看的暈頭轉向，搞不懂某個函數是做什麼用的。

　　不過在函數名稱後面括號內的參數列，這裡可不能像原型宣告時，只要填上各參數的資料型態即可，一定要同時填上每一筆資料型態與參數名稱。假設這個函數不需傳入參數，則可在括號內指定void資料型態（或省略成空白）。

　　函數主體的程式區是由C的合法指令組成，在程式碼撰寫的風格上，我們建議使用註解來說明函數的作用。比較特別的是return指令後面的傳回值型態，必須與函數型態相同。

　　例如傳回整數則使用int、浮點數則使用float，若沒有傳回值則加上void。如果函數型態宣告為void，則最後的return關鍵字可省略，或保留return，但其後不接傳回值，如：

```
return ;
```

　　接下來的程式包含了我們自行設計的sum()函數主體內容，功用是將傳入的整數值相加並傳回執行結果的簡單自訂函數範例。

【範例：**CH08_02.c**】

```
01 #include<stdio.h>
02 #include<stdlib.h>
03
04 int sum(int,int);/*宣告函數原型*/
05
06 int main(void)
07 {
```

```
08
09      int x,y;
10
11      printf("請輸入兩個數字:");
12      /*輸入數字*/
13      scanf("%d %d",&x,&y);
14      /*在程式敘述中呼叫函數*/
15      printf("%d+%d=%d\n",x,y,sum(x,y));
16
17      return 0 ;
18 }
19 /*函數主體定義*/
20 int sum(int score1,int score2)
21 {
22      int total;
23      total=score1+score2;
24
25      return total; /*傳回兩者和的整數 */
26 }
```

【執行結果】

```
請輸入兩個數字:12  35
12+35=47

------------------------------------
Process exited after 6.11 seconds with return value 0
請按任意鍵繼續 . . . ■
```

【程式碼說明】

　　第4行在main()函數前宣告sum()函數的原型，傳回值是整數，並且參數列中傳遞兩個參數。第15行輸出與呼叫sum()函數。第20～26行是函數定義的主體。第22行各位可以發現在主體程式區內也能自行定義變數，與main()函數中撰寫並無不同。第23行計算兩數相加後的和，並儲存於total變數，最後利用return指令來傳回total的值。

8-1-3 呼叫函數

函數呼叫就像兩個人透過手機互相聯絡

　　當各位在程式中需要使用到函數（不論是自訂或公用）所設計的功能時，就需要呼叫函數，通常直接使用函數名稱即可呼叫函數。函數呼叫的方式有兩種，假如沒有傳回值，通常直接使用函數名稱即可呼叫函數。語法格式如下：

函數名稱(引數1, 引數2, ……….);

　　例如我們直接使用函數名稱來呼叫：

printf("%d+%d=%d\n",x,y,sum(x,y));

　　如果函數有傳回值，則可運用指定運算子"="將傳回值指定給變數。如下所示：

變數=函數名稱(引數1, 引數2, ……….);

【範例：CH08_03.c】

　　接下來的程式則是求取某數的某次方值，計算所輸入兩數x、y的x^y值函數Pow()，並將函數定義放在main()函數之前。

```
01 #include <stdio.h>
02 #include <stdlib.h>
03 /* x 為底數 ,y 為指數 */
04
05 float Pow( float x, int y )
06 {
07      float p = 1;
08      int i;
09      for( i = 1; i <= y; i++ )
10          p *= x;
11
12      return p;
13 }
14
15 int main(void)
16 {
17      float x;
18      int y;
19
20      printf( "請輸入次方運算（ex.2^3）：" );
21      scanf( "%f^%d", &x, &y );
```

```
22        printf( "次方運算結果：%.4f\n", Pow(x, y) );
23        /*輸出與呼叫Pow()函數*/
24
25        return 0;
26 }
```

【執行結果】

```
請輸入次方運算〈ex.2^3〉：3^5
次方運算結果：243.0000

------------------------------------
Process exited after 8.514 seconds with return value 0
請按任意鍵繼續 . . .
```

【程式碼說明】

　　第5～13行定義了函數的主體，由於是在main()函數之前，所以不需再進行函數原型宣告。第12行傳回的值是浮點數p。第21行中的scanf()函數中是用「^」字元來作為輸入間隔字元。第22行輸出並呼叫Pow(x, y)的值。

8-2 參數傳遞方式

函數傳遞有點像王建民與捕手間的關係

函數中的參數傳遞，是將主程式中呼叫函數的引數值，傳遞給函數部分的參數，然後在函數中，處理定義的程式敘述，依照所傳遞的是參數的數值或位址而有所不同。這種關係有點像王建民與捕手間的關係，一個投球與一個接球。在C中，函數參數傳遞的方式，可以分為「傳值呼叫」（Call By Value）與「傳址呼叫」（Call By Address）兩種。

Tips

我們實際呼叫函數時所提供的參數，通常簡稱為引數，而在函數主體或原型中所宣告的參數，常簡稱為參數。

在尚未正式介紹傳址呼叫方式之前，首先為各位介紹兩種在傳址呼叫時所需要的「*」取值運算子和「&」取址運算子，這兩個運算子對C的低階運算有相當大的幫助。各位現在暫時有觀念即可，在陣列及指標的部分會再詳細說明：

1.「*」取值運算子：可以取得變數在記憶體位址上所儲存的值。
2.「&」取址運算子：可以取得變數在記憶體上的位址。

8-2-1 傳值呼叫

傳值呼叫是表示在呼叫函數時，會將引數的值一一地複製給函數的參數，因此在函數中對參數的值做任何更動，都不會影響到原來的引數。到了目前為止，本書中所介紹的函數呼叫都是以此種方式傳遞參數，特點是並不會更動到原先主程式中呼叫的變數內容。C的傳值呼叫原型宣告型式如下所示：

CHAPTER

8

回傳資料型態 函數名稱(資料型態 參數1, 資料型態 參數2, ………….);
或
回傳資料型態 函數名稱(資料型態, 資料型態, ………..);

傳值呼叫的函數呼叫型式如下所示：

函數名稱(引數1,引數2, ………..);

之前本章所介紹的函數參數傳遞方式都是傳值呼叫模式，以下程式範例可以讓各位更清楚這種模式的運作重點。首先請各位輸入兩個整數值，並透過自訂函數swap()來進行交換，由於不會針對引數本身位址做修改，所以不會達到變數內容交換的功能。

【範例：**CH08_04.c**】

```c
01 #include <stdio.h>
02 #include <stdlib.h>
03
04 void swap(int,int);/*傳值呼叫函數*/
05
06 int main(void)
07 {
08     int a,b;
09     a=10;
10     b=20;/*設定a,b的初值*/
11     printf("函數外交換前：a=%d, b=%d\n",a,b);
12     swap(a,b);/*函數呼叫 */
13     printf("函數外交換後：a=%d, b=%d\n",a,b);
14
15     return 0;
```

```
16 }
17
18 void swap(int x,int y)/* 未傳回值 */
19 {
20      int t;
21      printf("函數內交換前：x=%d, y=%d\n",x,y);
22      t=x;
23      x=y;
24      y=t;/* 交換過程 */
25      printf("函數內交換後：x=%d, y=%d\n",x,y);
26 }
```

【執行結果】

```
函數外交換前：a=10, b=20
函數內交換前：x=10, y=20
函數內交換後：x=20, y=10
函數外交換後：a=10, b=20

-----------------------------------
Process exited after 0.1494 seconds with return value 0
請按任意鍵繼續 . . . ■
```

【程式碼說明】

　　第4行傳值呼叫函數的原型宣告，這種方式的最大特點就是被呼叫函數參數的改變只在此函數內起作用，不會帶到函數外部。第9～10行設定a、b的初值。第12行傳值函數呼叫指令。第18～26定義未傳回值的swap函數主體。第22～24行x與y數值的交換過程。第25行在swap函數中x與y值交換了。第12行x與y的值不受在函數中改變的影響。

8-2-2 傳址呼叫

　　傳址呼叫表示在呼叫函數時所傳遞給函數的參數值是變數的記憶體位址，如此函數的引數將與所傳遞的參數共享同一塊記憶體位址，因此對引數值的變動連帶著也會影響到參數值。

兩個變數就像共享一個住址的一家人

　　如果要進行傳址呼叫，我們必須宣告指標（Pointer）變數作為函數的引數，指標變數是用來儲存變數的記憶體位址，目前我們尚未介紹指標，各位暫時只要先記得傳址呼叫的參數宣告時必須加上*運算子，而呼叫函數的引數前必須加上&運算子。

　　傳址方式的函數宣告型式如下所示，請注意多了*運算子：

> 回傳資料型態 函數名稱(資料型態 *參數1, 資料型態 *參數2, ………);
> 或
> 回傳資料型態 函數名稱(資料型態 *, 資料型態 *, ………);

　　傳址呼叫的函數呼叫型式如下所示：

CHAPTER

8

函數名稱(&引數1,&引數2, ……….);

以下程式範例會於函數中以傳值及傳址兩種方式指定參數數的值，主要先讓各位迅速熟悉兩種參數傳遞方式的差別，重點在觀察函數呼叫前後對變數的值有何影響，請注意看*與&運算子出現的位置。

【範例：**CH08_05.c**】

```c
01 #include <stdio.h>
02 #include <stdlib.h>
03
04 void CallByValue(int x);
05 void CallByAddress(int *x);
06
07 int main(void)
08 {
09     int x = 10;
10
11     printf( "傳值呼叫前：%d\n", x );
12     CallByValue(x);
13     printf( "傳值呼叫後：%d\n", x );
14     CallByAddress(&x);
15     printf( "傳址呼叫後：%d\n", x );
16
17     return 0;
18 }
19
20 /* 無意義的函數，純綷示範傳值呼叫 */
21 void CallByValue(int x)
22 {
23     x = 20;
```

CHAPTER

8

```
24 }
25
26 /* 無意義的函數，純綷示範傳址呼叫 */
27 void CallByAddress(int *x)
28 {
29      *x = 30;
30 }
```

【執行結果】

```
傳值呼叫前：10
傳值呼叫後：10
傳址呼叫後：30

------------------------------------
Process exited after 0.1168 seconds with return value 0
請按任意鍵繼續 . . .
```

【程式碼說明】

第4～5行宣告兩個函數的原型。第14行進行傳址呼叫的參數指定時，我們必須使用&「取址運算子」來取出變數x的記憶體位址。第15行在傳址呼叫CallByAddress(int *x)函數後，對引數x的改變都會影響到主函數中的變數x。第29行要指定值時，則必須使用*「取值運算子」，告知編譯器將引數指定至參數x所指向的位址。

8-3 陣列參數的傳遞

函數中要傳遞對象如果不只一個變數，例如陣列資料，也可以整個陣列傳遞過去。由於陣列名稱儲存的值其實就是陣列第一個元素的記憶體位址，各位只要把陣列名稱當成函數的引數來傳遞即可，各位可以想像傳遞

CHAPTER

8

單一變數傳遞就好像一台汽車經過山洞，傳遞一整個陣列就好比一整列火車經過山洞。

8-3-1 一維陣列傳遞

由於陣列傳遞到函數時，只是傳遞陣列存放於記憶體的位址，不用像一般變數一樣，將陣列的每個元素都複製一份來傳遞它們，如果在函數中改變了陣列內容，所呼叫主程式中的陣列引數內容也會隨之改變。由於我們傳遞時不知道陣列的長度，所以在陣列傳遞過程，最好是可以加上傳送陣列長度的引數。請看以下一維陣列參數傳遞的函數宣告：

> (回傳資料型態or void) 函數名稱 (資料型態 陣列名稱[ ] ,資料型態 陣列長度…);
> 或
> (回傳資料型態 or void) 函數名稱(資料型態 *陣列名稱 ,資料型態 陣列長度...);

而一維陣列參數傳遞的函數呼叫方式如下所示：

> 函數名稱 (資料型態 陣列名稱,資料型態 陣列長度…);

　　以下程式範例是將一維陣列Array以傳址呼叫的方式傳遞給Multiple()函數，在函數中將每個一維陣列中的元素值都乘以2，同時也會將主程式中的Array陣列的元素值都改變。

【範例：**CH08_06.c**】

```
01 #include <stdio.h>
02 #include <stdlib.h>
03 #define NUM 6
04
05 void Multiple(int arr[],int);/* 函數Multiple()的原型宣告 */
06
07 int main()
08 {
09     int i,array[NUM]={ 57,48,38,46,25,17 };
10     /* 宣告並給于陣列初始值 */
11
12     printf("呼叫Multiple()前,陣列的內容為: ");
13     for(i=0;i<NUM;i++)      /* 印出陣列內容 */
14         printf("%d ",array[i]);
15
16     printf("\n");
17
18     Multiple(array,NUM); /* 呼叫函數Multiple() */
19
20     printf("呼叫Multiple()後,陣列的內容為: ");
21
22     for(i=0;i<NUM;i++)      /* 印出陣列內容 */
23         printf("%d ",array[i]);
24     printf("\n");
25
26     return 0;
```

```
27 }
28
29 void Multiple(int arr[],int n1)/* 定義Multiple()函數主體 */
30 {
31      int i;
32
33      for(i=0;i<n1;i++)
34           arr[i]*=2; /* 每個陣列元素值*2 */
35 }
```

CHAPTER

8

【執行結果】

```
呼叫Multiple()前,陣列的內容為: 57 48 38 46 25 17
呼叫Multiple()後,陣列的內容為: 114 96 76 92 50 34

---------------------------------
Process exited after 0.115 seconds with return value 0
請按任意鍵繼續 . . . ■
```

【程式解說】

　　第5行：函數Multiple()的原型宣告，傳遞一維整數陣列與一個整數，陣列括號[]內長度可寫也可不寫。第9行：宣告並給予陣列Array初始值。第13~14行：輸出Array陣列所有元素。第18行：呼叫函數Multiple()，直接陣列名稱當成函數的引數來傳遞。第22~23行：輸出從函數Multiple()傳回來Array陣列的所有元素。第29~35行：定義Multiple()函數主體。第33~34行：每個陣列元素值*2。

8-3-2 函數與多維陣列參數

　　多維陣列的函數參數傳遞的原理和一維陣列大致相同，並無太大差異。只是函數的參數宣告上必須多加幾個中括號。例如二維陣列，只要參數加上兩個中括號就可以，不過請注意！把多維陣列傳入函數時，陣列名稱後的第一個中括號可以省略不用填入元素個數，其它維度的中括號就必須填上該維元素的個數，否則編譯時會產生錯誤。以下是二維陣列參數傳遞的函數原型宣告：

> (回傳資料型態or void)　函數名稱 (資料型態 陣列名稱[ ] [行數] ,…);

而二維陣列參數傳遞的函數呼叫方式如下所示：

> 函數名稱 (資料型態 陣列名稱,…);

至於二維陣列與函數的主體架構如下：

> (回傳資料型態or void)　函數名稱 (資料型態 陣列名稱[ ][ ] ,…);
> {
> 　…
> }

【範例：CH08_07.c】

　　以下程式範例是將二維陣列B以傳址呼叫的方式傳遞給Multiple2()函數，在函數中將每個二維陣列中的元素值都乘以2，同時也會將主程式中的A陣列的元素值都改變。

```
01 #include <stdio.h>
02 #include <stdlib.h>
03
04 #define Array_row 2
```

```
05 #define Array_column 6
06
07 void Multiple2(int brr[][Array_column]);/* 函數Multiple2()的原型 */
08
09 int main(void)
10 {
11      int i,j,B[][Array_column]={{1,2,3,4,5,6},{7,8,9,10,11,12}};
12
13      printf("呼叫Multiple2()前,陣列的內容為: ");
14      for(i=0;i<Array_row;i++) /* 印出陣列內容 */
15          for(j=0;j<Array_column;j++)
16              printf("%d ",B[i][j]);
17          printf("\n");
18
19      Multiple2(B); /* 呼叫函數Multiple2() */
20      printf("呼叫Multiple2()後,陣列的內容為: ");
21
22      for(i=0;i<Array_row;i++) /* 印出陣列內容 */
23          for(j=0;j<Array_column;j++)
24              printf("%d ",B[i][j]);
25          printf("\n");
26
27      return 0;
28 }
29
30 void Multiple2(int brr[][Array_column])/*第二維必須有元素個素*/
31 {
32      int i,j;
33      for(i=0;i<Array_row;i++) /* 印出陣列內容 */
34          for(j=0;j<Array_column;j++)
35              brr[i][j]*=2;
36 }
```

CHAPTER

8

【執行結果】

```
呼叫Multiple2<>前,陣列的內容為: 1 2 3 4 5 6 7 8 9 10 11 12
呼叫Multiple2<>後,陣列的內容為: 2 4 6 8 10 12 14 16 18 20 22 24
------------------------------------
Process exited after 0.1249 seconds with return value 0
請按任意鍵繼續 . . .
```

【程式碼說明】

　　第4～5行定義Array_row與Array_column兩個常數值。第11行陣列宣告中第一維的大括號可以省略不用定義，其它維數的註標都必須清楚定義長度。第19行以傳址呼叫函數Multiple2()，參數直接B陣列名稱來代替。第30～36行則是定義Multiple2()函數的內容，在第30行處特別請您注意的還是第二維中括號中必須有元素個素。

8-4 遞迴函數

　　遞迴是種很特殊的函數，簡單來說，對程式設計師而言，函數不單純只是能夠被其它函數呼叫（或引用）的程式單元，在某些語言還提供了自身引用的功能，這種功用就是所謂的「遞迴」。遞迴在早期人工智慧所用的語言。如LISP、Prolog幾乎都是整個語言運作的核心，當然在C中也有提供這項功能，因為它們的繫結時間可以延遲至執行時才動態決定。

8-4-1 遞迴的定義

　　談到遞迴的定義，我們可以正式這樣形容，**假如一個函數或副程式，是由自身所定義或呼叫的，就稱為遞迴**（Recursion），它至少要定義二種條件，包括一個可以反覆執行的遞迴過程，與一個跳出執行過程的出口。遞迴因為呼叫對象的不同，可以區分為以下兩種：

■直接遞迴（Direct Recursion）：指遞迴函數中，允許直接呼叫該函數本身，稱為直接遞迴。如下例：

```
int Fun(...)
{
 ...

      if(...)
         Fun(...)
  ...

}
```

■間接遞迴（Indirect Recursion）：指遞迴函數中，如果呼叫其它遞迴函數，再從其它遞迴函數呼叫回原來的遞迴函數，我們就稱做間接遞迴。

```
int Fun1(...)          int Fun2(...)
{                      {
      .                      .
      .                      .
if(...)                if(...)
   Fun2(...)              Fun1(...)            .
      ...                    ...
}                      }
```

　　許多人經常困惑的問題是：「何時才是使用遞迴的最好時機？」，是不是遞迴只能解決少數問題？事實上，任何可以用if-else和while指令編寫的函數，都可以用遞迴來表示和編寫。

　　例如我們知道階乘函數是數學上很有名的函數，對遞迴式而言，也可以看成是很典型的範例，我們一般以符號"！"來代表階乘。如4階乘可寫為4!，n!可以寫成：

n!=n×(n-1)*(n-2)……*1

　　各位可以一步分解它的運算過程，觀察出一定的規律性：

```
5! = (5 * 4!)
   = 5 * (4 * 3!)
   = 5 * 4 * (3 * 2!)
   = 5 * 4 * 3 * (2 * 1)
   = 5 * 4 * (3 * 2)
   = 5 * (4 * 6)
   = (5 * 24)
   = 120
```

【範例：**CH08_08.c**】

　　以下程式就是以遞迴來計算所有1～n!的函數值，請注意其間所應用的遞迴基本條件：一個反覆的過程，以及一個跳出執行的缺口。

```
01 /*用遞迴函數求 n階乘的值*/
02 #include <stdio.h>
03 #include <stdlib.h>
04
05 int factorial(int);  /*函數原型*/
06
```

```
07 int main()
08 {
09     int i,n;
10
11     printf("請輸入計算到第幾階乘數:");
12     scanf("%d",&n);
13
14     for (i=0;i<=n;i++)
15         printf("%d !值為 %3d\n", i,factorial(i));
16
17     return 0;
18 }
19
20 int factorial(int i)
21 {
22     int sum;
23     if(i == 0)/* 遞迴終止的條件 */
24         return(1);
25     else
26         sum = i * factorial(i-1); /* sum=n*(n-1)!所以直接呼叫本身 */
27     return sum;
28 }
```

【執行結果】

```
請輸入計算到第幾階乘數:5
0 !值為   1
1 !值為   1
2 !值為   2
3 !值為   6
4 !值為  24
5 !值為 120

---------------------------------
Process exited after 2.043 seconds with return value 0
請按任意鍵繼續 . . .
```

CHAPTER

8

【程式碼說明】

第12行中輸入要計算的階乘數。第14～15行中將列印出0!到n!的所有結果，第15行中呼叫factorial()遞迴函數。第20～28行定義factorial()函數的主體。第23行中是設定跳出遞迴反覆執行過程中的缺口。第26行中則是執行遞迴程式的過程。

8-5 上機程式測驗

1. 請設計一C程式，包括mymax(int x,int y)函數，不過必須省略此函數的原型宣告，而此函數的功能能比較出所輸入兩數中較大者。

   解答：CH08_09.c

2. 請設計一C程式，其中撰寫一個傳址呼叫長度轉換函數，由使用者輸入英尺及英寸的變數值，並透過此函數同步轉換成公尺及公分。提示如下：

   > 1英尺=12寸；1寸=2.54公分

   解答：CH08_10.c

3. 請設計一C程式，包括兩種求兩數最大公因數的輾轉相除法函數，其中gcd_loop()函數是迴圈版本的輾轉相除法，而 gcd_rec()是遞迴版本。

   解答：CH08_11.c

4. 請設計一C程式與findpas()函數，以三個一維陣列代表A、B與C三個班的學生成績，此函數能輸出各班有多少人及有幾人考試及格。三班學生的成績陣列如下：

   > int a[]={80,90,70,56,55,64,63,48,70,75,40};
   >
   > int b[]={70,78,63,53,67,95,44,83,52,89};
   >
   > int c[]={49,60,67,51,63,86,79,73,56,88,66,79};

解答：CH08_12.c

5. 請設計一C程式，其中包含一函數replace()，可在使用者所輸入的字串中指定位置及打算更換的字元，函數中將使用字元指標來處理運算及置換過程。

解答：CH08_13.c

本章課後評量

1. C中的函數可區分為哪兩種？

2. 請問return的功用為何？

3. 函數是結構化語言下的產物，它是由許多的敘述所組成，主要目的有哪兩種？

4. 自訂函數是由哪些元素組成？

5. 有個學生練習函數呼叫，下面這個程式將傳回兩數相加結果，但是結果並不正確，請問哪邊發生錯誤？

```
01 #include <stdio.h>
02
03 int main()
04 {
05     printf("函數呼叫：%.2f", add() );
06     return 0;
07 }
08
09 add()
10 {
11     float a = 8.2, b = 6.6;
12     return (a + b);
13 }
```

6.函數原型的宣告位置有哪兩種？

7.請說明傳址呼叫時要加上哪兩個運算子？

8.試說明函數傳遞時參數的名稱爲何？

9.請簡述遞迴函數的意義與特性。

C 的標準函數庫

　　C是一種相當模組化的語言，本身所擁有的指令精簡，大部分的程式功能，都是藉由函數方式來完成，因此包括主程式都是由main()函數來執行。這也是C程式可移植性高的主要原因。

　　除了自定函數之外，還包括了C中的標準函數庫，它可以讓使用者，直接利用#include指令在表頭檔中引用所需的函數。在本附錄中會將常用的函數整理出來，方便日後各位在程式設計時能夠利用與查閱。

A-1 字串處理函數

　　在C語言中提供了相當多的字串處理函數，只要含括<string.h>標頭檔，就可以輕易使用這些方便的函數，以下列出一些比較常用的字串函數。

函數原型	size_t strlen(char *str);
說　　明	傳回字串 str 的長度

函數原型	char *strcpy(char *str1, char *str2);
說　　明	將str2 字串複製到 str1字串，並傳回 str1 位址

函數原型	char *strncpy(char *d, char *s, int n);
說　明	複製 str2 字串的前 n 個字元到 str1字串，並傳回 str1位址

函數原型	char *strcat(char *str1, char *str2);
說　明	將 str2 字串連結到字串 str1，並傳回 str1位址

函數原型	char *strncat(char *str1, char *str2,int n);
說　明	連結 str2 字串的前 n 個字元到 str1字串，並傳回 str1位址

函數原型	int strcmp(char *str1, char *str2);
說　明	比較 str1 字串與 str2 字串。如果 str1 > str2，傳回正值，str1 == str2，傳回0，若str1 < str2，傳回負值

函數原型	int strncmp(char *str1, char *str2, int n);
說　明	比較 str1 字串與 str2 字串的前 n 個字元， 如果 str1 > str2，傳回正值 str1 == str2，傳回0 str1 < str2，傳回負值

函數原型	int strcmpi(char *str1, char *str2);
說　明	以不考慮大小寫方式比較 str1 字串與 str2， 如果 str1 > str2，傳回正值 str1 == str2，傳回0 str1 < str2，傳回負值

函數原型	int stricmp(char *str1, char *str2);
說　明	將兩字串轉換為小寫後，開始比較 str1 字串與 str2， 如果 str1 > str2，傳回正值 str1 == str2，傳回0 str1 < str2，傳回負值

函數原型	int strnicmp(char *str1, char *str2);
說　　明	以不考慮大小寫方式比較 str1 字串與 str2的前面n個字元， 如果　str1 > str2，傳回正值 str1 == str2，傳回0 str1 < str2，傳回負值

函數原型	char *strchr(char *str, char c);
說　　明	搜尋字元 c 在 str 字串中第一次出現的位置，如果有找到則傳回該位置的位址，沒有找到則傳回 NULL

函數原型	char *strrchr(char *str, char c);
說　　明	搜尋字元 c 在 str 字串中最後一次出現的位置，如果有找到則傳回該位置的位址，沒有找到則傳回 NULL

函數原型	char *strstr(char *str1, char *str2);
說　　明	搜尋str2 字串在 str1 字串中第一次出現的位置，如果有找到則傳回該位置的位址，沒有找到則傳回 NULL

函數原型	char *strlwr(char *str);
說　　明	將str字串中的大寫字母轉成小寫

函數原型	char *strupr(char *str);
說　　明	將str字串中的小寫字母轉成大寫

函數原型	char *strrev(char *str);
說　　明	除了結束字元外，將str字串中的字元順序倒置

函數原型	char *strset(char *str, int ch);
說　　明	除了結尾字元，將字串中的每個值都設定為ch字元

APPENDIX

A

函數原型	size_t strcspn(char *str1, char *str2);
說　　明	搜尋字串str2中，非空白的任意字元在str1中第一次出現的位置

A-2 字元處理函數

在C語言的標頭檔<ctype.h>中，也提供了許多針對字元處理的函數。底下列表是一些比較常用的字元處理函數與說明。

函數原型	int isalpha(int c);
說　　明	如果c是一個字母字元則傳回1(True)，否則傳回 0(False)

函數原型	int isdigit(int c);
說　　明	如果c是一個數字字元則傳回1(True)，否則傳回 0(False)

函數原型	int isxdigit(int c);
說　　明	為十六進位數字的ASCII字元

函數原型	int isspace(int c);
說　　明	如果c是空白字元則傳回1(True)，否則傳回 0(False)

函數原型	int isalnum(int c);
說　　明	如果c是字母或數字字元則傳回1(True)，否則傳回 0(False)

函數原型	int iscntrl(int c);
說　　明	如果c是控制字元則傳回1(True)，否則傳回 0(False)

函數原型	int isprint(int c);
說　　明	如果c是一個可以列印的字元則傳回1(True)，否則傳回 0(False)

函數原型	int ispunct(int c);
說　　明	如果c是空白、英文或數字字元以外的可列印字元則傳回 1(True)，否則傳回 0(False)

函數原型	int islower(int c);
說　　明	如果c是一個小寫的英文字母則傳回1(True)，否則傳回 0(False)

函數原型	int isupper(int c);
說　　明	如果c是一個大寫的英文字母則傳回1(True)，否則傳回 0(False)

函數原型	int tolower(int c);
說　　明	如果c是一個大寫的英文字母則傳回小寫字母，否則直接傳回c

函數原型	int toupper(int c);
說　　明	如果c是一個小寫的英文字母則傳回大寫字母，否則直接傳回c

函數原型	int iscntrl(int c);
說　　明	如果c是控制字元則傳回1(True)，否則傳回 0(False)

函數原型	int toascii(int c);
說　　明	將c轉為有效的ASCII字元

函數原型	int isgraph(int c);
說　　明	如果c不是空白的可列印字元則傳回1(True)，否則傳回 0(False)

函數原型	Int isascii(int c);
說　　明	判斷c是否爲0～127之中的ASCII值

A-3 常用數學函數

　　C語言中提供了許多數學函數，我們可以利用這些函數作爲基礎，組合出一個複雜的數學公式，這些函數都定義於math.h標頭檔中。

函數原型	double sin(double x);
說　　明	傳入的參數爲弧度值，傳回值爲其正弦值

函數原型	double cos(double x);
說　　明	傳入的參數爲弧度值，傳回值爲其餘弦值

函數原型	double tan(double x);
說　　明	傳入的參數爲弧度值，傳回值爲其正切值

函數原型	double asin(double x);
說　　明	傳入的參數爲正弦值，必須介於-1～1之間，傳回值爲反正弦值

函數原型	double acos(double x);
說　　明	傳入的參數爲餘弦值，必須介於-1～1之間，傳回值爲反餘弦值

函數原型	double atan(double x);
說　　明	傳入的參數爲正切值，傳回值爲反正切值

函數原型	double sinh(double x);
說　　明	傳入的參數爲弧度，傳回值爲雙曲線正弦值

函數原型	double cosh(double x);
說　　明	傳入的參數爲弧度，傳回值爲雙曲線餘弦值

函數原型	double tanh(double x);
說　　明	傳入的參數爲弧度，傳回值爲雙曲線正切值

函數原型	double exp(double x);
說　　明	傳入實數，傳回e的次方值

函數原型	double log(double x);
說　　明	傳入大於0的實數，傳回該數的自然對數

函數原型	double log10(double x);
說　　明	傳入大於0的實數，傳回該數以10爲底的對數

函數原型	double ceil(double x);
說　　明	傳回不小於num的最小整數（無條件進位）

函數原型	double fabs(double x);
說　　明	傳回x的絕對值

函數原型	double floor(double x);
說　　明	傳回不大於x的最大整數（無條件捨去）

APPENDIX

A

函數原型	double pow(double x, double y);
說　　明	傳回x的y次方

函數原型	double pow10(int p);
說　　明	傳回10的次方值

函數原型	double sqrt(double x);
說　　明	傳回x的平方根，x不可為負數

函數原型	double fmod(double x,double y);
說　　明	計算x/y的餘數，其中x,y皆為double型態

函數原型	double modf(double x,double *intprt);
說　　明	將x分解成整數與小數兩部分，inprt儲存整數，但函數傳回值為小數部分

函數原型	long labs(long n);
說　　明	計算長整數n的絕對值

函數原型	long fabs(double x);
說　　明	計算浮點數x的絕對值

函數原型	int rand(void);
說　　明	產生0～32767之間的假隨機亂數，因為rand()函數是依據固定的亂數公式產生，表面看起來是亂數，但您每次重新執行程式所產生的亂數都會有相同的順序性，因而稱之為假隨機亂數

函數原型	int srand(unsigned seed);
說　　明	設定亂數種子來初始化rand()亂數起點,可以隨機設定亂數的起點,每次所得到的亂數順序就不會相同,這個起點我們稱之為「亂數種子」,通常我們會使用系統時間來作為亂數種子

函數原型	void randomize(void)
說　　明	randomize為一巨集,可用來產生新的亂數種子

A-4 時間與日期函數

這個小節介紹C語言所提供與時間日期相關的函數,它們定義於time.h標頭檔中,這個標頭檔中也定義了幾個型態、巨集與結構,我們以下將會一一加以說明。

函數原型	time_t time(time_t *timer);
說　　明	設定目前系統的時間,如果沒有指定time_t型態,就使用NULL,表示傳回系統時間。time()會回應從1970年1月1日00:00:00到目前時間所經過的秒數

函數原型	char* ctime(const time_t *timer);
說　　明	將t_time長整數轉換為字串,以我們可了解的時間型式表現

函數原型	struct tm *localtime(const time_t *timer);
說　　明	取得當地時間,並傳回tm結構,tm結構中定義年、月、日等資訊,其定義於time.h中

函數原型	char* asctime(const struct tm *tblock);
說　　明	傳入tm結構指標,將結構成員以我們可了解的時間形式呈現

函數原型	struct tm *gmtime(const time_t *timer);
說　　明	取得格林威治時間，並傳回tm結構

函數原型	clock_t clock(void);
說　　明	取得程式自執行到該行所經過之時脈數，clock_t型態定義於time.h中，為一長整數，表示系統時脈數

函數原型	double difftime(time_t t2,time_t t1);
說　　明	傳回t2與t1的時間差距，單位為秒

A-5 型態轉換函數

在<stdlib.h>標頭檔中，也提供了將字串轉為數字資料型態的函數。使用這些函數的前提，當然也必須是由數字字元所組成的字串。底下列表是一些比較常用的型態轉換函數與說明。

函數原型	double atof(const char *str);
說　　明	把字串 str 轉為倍精度浮點數（Double Float）數值

函數原型	int atoi(const char *str);
說　　明	把字串 str 轉為整數（Int）數值

函數原型	long atol(const char *str);
說　　明	把字串 str 轉為長整數（Long Int）數值

函數原型	itoa(int value,char *str,int radix);
說　　明	將value轉為以數字系統（2～36），並存在str字串內

函數原型	ltoa(long value,char *str,int radix);
說　明	將長整數value轉爲以數字系統（2～36），並存在str字串內

A-6 流程控制函數

在<stdlib.h>標頭檔中，也提供了程式執行時的終止與結束。底下列表是一些比較常用的流程控制函數與說明。

函數原型	void exit(int status);
說　明	程式正常終止，如果程式終止時爲正常狀態，通常會傳遞一個0值，非0值用來表示程式發生一個錯誤

函數原型	void abort(void);
說　明	程式異常立即終止，abort()會造成程式立即終止，而不會執行任何的善後動作，已經開啓的檔案可能沒有關閉

函數原型	int system(char *str);
說　明	由DOS中執行命令

課後評量解答

第一章【本章課後評量】

1. 程式可攜性高具有跨平台能力、體積小執行效率高、具低階處理能力、作為學習其它語言的基礎，此外，C本身可以直接處理低階的記憶體，甚至處理低階位元邏輯運算問題，所能達成的功能不單單只是在開發套裝軟體。舉凡硬體驅動程式、網路通訊協定，或者嵌入式系統等等，都是 C 語言所能完成的系統。

2. 直譯式語言則是利用解譯器（Interpreter）來對高階語言的原始程式碼做逐行解譯，每解譯完一行程式碼後，才會再解譯下一行。解譯的過程中如果發生錯誤，則解譯器會立刻停止。由於使用解譯器翻譯的程式每次執行時都必須再解譯一次，所以執行速度較慢，不過因為僅需存取原始程式，不需要再轉換為其它型態檔案，因此所占用記憶體較少。例如Basic、LISP、Prolog等語言皆使用解譯的方法。

3. 隨著C語言在不同作業平台上的發展，逐漸有不同版本的C語言出現，它們的語法相近卻因為作業平台不同而不相容，於是在1983年，美國國家標準協會開始著手制定一個標準化的C語言，以使同一份程式碼能在不同平台上使用，而不需再重新改寫。

4. 整合開發環境（IDE, Integrated Development Environment），就是把有關程式的編輯（Edit）、編譯（Compile）、執行（Execute）與除錯（Debug）等功能於同一操作環境下，讓使用者只需透過此單一整合的環境，即可輕鬆撰寫程式。

5. 必須將printf(Hello你好!)程式敘述中的單引號修正為雙引號。

6. 是，因為C的指令撰寫是具有自由化格式（Free Format）精神。

7.main()是一個相當特殊函數，代表著任何C程式的進入點，也唯一且必
須使用main作爲函數名稱。也就是說，當程式開始執行時，一定會先
執行main()函數，而不管它在程式中的任何位置，編譯器都會找到它開
始編譯程式內容，因此main()又稱爲「主函數」。

8.在程式碼中使用標準程式庫的功能，必須要先以前置處理器指令#in-
clude引用對應的表頭檔。

第二章【本章課後評量】

1.變數（Variable）是代表電腦裡的一個記憶體儲存位置，它的數值可做
變動，因此被稱爲「變數」。而「常數」（Constant）則是在宣告要使
用記憶體位置的同時，就已經給予固定的資料型態和數值，在程式執
行中不能再做任何變動。

2.變數名稱必須是由「英文字母」、「數字」或者下底線「_」所組成，
不過開頭字元可以是英文字母或是底線，但不可以是數字，不可使用
保留字或與函數名稱相同的命名。

3.

> 1.名稱：變數本身在程式中的名字，必須符合識別字的命名規則及
> 可讀性。
> 2.值：程式中變數所賦予的值。
> 3.參考位置：變數在記憶體中儲存的位置。
> 4.屬性：變數在程式的資料型態，如所謂的整數、浮點數或字元。

4.當使用#define來定義常數時，程式會在編譯前先呼叫巨集程式（Macro
Processor），以巨集的內容來取代巨集所定義的關鍵字，然後才進行
編譯的動作。

5.如果是字元常數時，常數值必須以單引號（"）括住字元，例如：'a'、

'c'。當資料型態為字串時，必須以雙引號（""）括住字串，例如："程式設計"、"Happy Birthday"等。

6. 關鍵字為具有語法功能的保留字，任何程式設計師自行定義的識別字都不能與關鍵字相同。

第三章【本章課後評量】

1. 八進位：055，十六進位：0x2d。

2. (1)%c：是依照字元的形式輸出入。

(2)%d：是依照ASCII碼代號的數值輸出入。

3. 在C中浮點數預設的資料型態為double，因此在指定浮點常數值時，可以在數值後方加上「f」或「F」，將數值轉換成float型態。

4.

跳脫字元	說明
\t	水平跳格字元（Horizontal Tab）
\n	換行字元（New Line）
\"	顯示雙引號（Double Quote）
\'	顯示單引號（Single Quote）
\\	顯示反斜線（Backslash）

5. i=-2147483648，j=-32768

6. 「signed」為有號資料；「unsigned」為無號資料。

7. 若要顯示""符號，必須使用\跳脫"字元，程式碼應更改如下：

```
printf("請輸入ID\"08004512\"：");
```

第四章【本章課後評量】

1. x=50

2. 28

3. 200、-60、-3

4. 由三元運算子所組成的運算式。由於此類型的運算子僅有「?:」（條件）運算子，因此三元運算式又稱為「條件運算式」。例如 a>b?'Y':'N'。

5. C的三種「邏輯運算子」的用法與說明如下表所示：

符號	名稱	用法	說明
&&	AND	if((條件A)&&(條件B))	如果條件A跟條件B都同時成立的話……
||	OR	if((條件A)|| (條件B))	如果條件A跟條件B有任何一個成立的話……
!	NOT	if(!條件A)	如果條件A不成立的話……

6. 10

第五章【本章課後評量】

1. 不行，當各位輸入時用來區隔輸入的符號，也可以由使用者指定，因此在scanf()函數中使用「,」，輸入時也必須以「,」區隔。

2.   ***

   ****

   *****

3. 欄寬設定也可以用另一種方式，就是直接利用引數方式設定欄寬，不過必須在原格式化字元前的設定值則改以「*」字元代替。如下所示：

```
printf("no=%*d\n",1,no);
printf("no=%*d\n",6,no);/* 欄寬設定為6 */
printf("no=%*d\n",8,no);/* 欄寬設定為8 */
```

4. 輸出不含符號的十進位整數值、輸出的內容帶有%符號。

5. 7654，因為使用scanf()函數時，會略過空白字元而直接讀取數字及字元，並讀取完畢止。而且後面的abcd字元也不會讀入。

6. 透過精度設定，可以使數值資料於輸出時，依照精度所設定的位數輸出。設定時必須於格式化字元前加入「.位數」。如果搭配欄寬設定時，格式化字元前必須加入「欄寬.位數」。

第六章【本章課後評量】

1. 無窮迴圈就是在迴圈執行時，找不到可以離開迴圈的缺口。如：

```
i=-1;
while (i<0)
printf("%d\n",i--);
```

2. 循序式結構、選擇式結構與重複式結構。

3. if條件敘述、if else條件敘述、if else if條件描述、switch條件敘述。

4. 迴圈結束條件在程式區塊的結尾，所以至少會執行一次迴圈內的敘述，再測試條件是否成立，若成立則返回迴圈起點重複執行迴圈。

5. 在判斷條件複雜的情形下，有時會出現if條件指令所包含的複合敘述中，又有另外一層的if條件指令。這樣多層的選擇結構，就稱作巢狀if條件敘述。

6. 整數型態或字元型態。

7. if陳述句會尋找最接近的else陳述句配對，所以這個程式片段：

```
if(a < 60)
{
    if( a < 58)
        printf("成績低於58分，不合格\n");
}
else
    printf("成績高於60，合格！");
```

8. 這個程式片段基本上有兩個錯誤，第1行的ch必須使用()括起來，而每一個case陳述區塊要使用break來離開switch區塊，以避免程式繼續往下一個case執行程式。

9. default指令原則上可以放在switch指令區內的任何位置，如果找不到吻合的結果值，最後才會執行default敘述，除非擺在最後時，才可以省略default敘述內的break敘述，否則還是必須加上break指令。

10. 程式碼中的else乍看似乎與最上層的if(number%3 ==0)配對，但實際上是與if(number%7 == 0)配對。這樣的程式碼沒有語法錯誤，也可以編譯執行，但卻造成邏輯上的錯誤。

11. 26。k值會在此迴圈中一直累加到大於25才會離開，所以k值最後的答案會是「26」。

12. 第7行有誤，do while迴圈最後必須使用分號作為結束。

13. while迴圈會先檢查"while(條件運算式)"括號內的條件運算式，當運算式結果為true時，才會執行區塊內的程式。do while迴圈會先執行迴圈中的敘述一次，再判斷"while(條件運算式)"括弧內的條件運算式，當運算式結果為true時，繼續執行區塊內的程式，若為false則跳出迴圈。

第七章【本章課後評量】

1. 不正確，因為C對於多維陣列註標的設定，只允許第一維可以省略不用定義，其它維數的註標都必須清楚定義長度。

2. Str_2=Str_1;由於字串不是C的基本資料型態，所以無法利用陣列名稱直接指定給另一個字串，如果需要指定字串，各位必須從字元陣列中一個一個取出元素內容做複製。

3. 第3行改為：

```
03    char str[]={'J','u','s','t','\0'};
```

4. 不正確，因為C對於多維陣列註標的設定，只允許第一維可以省略不用定義，其它維數的註標都必須清楚定義長度。

5. A[0][3]、A[0][4]、A[1][4]

   如果我們宣告一個五十個元素的字元陣列，如下所示：

```
char address[50];
```

6. 1222。

7. 'a'與"a"分別代表字元常數及字串常數，兩者的差別就在於字串的結束處會多安排一個位元組的空間來存放'\0'字元，作為這個字串結束時的符號。

8. 第3行不需使用&運算子，因為str名稱本身就表示記憶體位址。

9. 第7行錯誤，陣列索引值是由0開始，最後一個元素索引應是元素個數減1，所以應修正為：

   for(i = 0; i < 5; i++)

第八章【本章課後評量】

1. C的函數可區分為系統本身提供的標準函數及使用者自行定義的自訂函數。使用標準函數只要將所使用的相關函數表頭檔（Header File）含括（Include）進來即可。

2. 一般在設計函數時，通常都會要求函數能夠將執行結果傳回給呼叫的程式，此時可以使用「return」指令來完成這項工作。return除了具有將函數結果傳回給呼叫函數的功能外，也代表函數執行結束，並將程式控制權移交給原呼叫程式。

3. (1) 將程式中重複執行的區塊定義成函數，好讓程式呼叫該函數來執行重複的敘述。除了可以讓程式更加簡潔有力外，也能夠減少程式碼的編輯時間。

    (2) 依據功能性將大程式分割成數個片段，並將各程式片段建立成函數，如此不僅可讓程式結構化及模組化，在管理及除錯上也更加方便。

4. 函數名稱、參數、回傳值與回傳資料型態組成。

5. 由於沒有宣告函數原型與傳回值型態，所以編譯器預設函數將傳回整數值，但add()函數傳回了浮點數，型態不符而無法顯示正確的結果。

6. (1) 在#include引入檔後，主程式或函數程式區塊之前。

    (2) 在呼叫函數的主程式或函數程式區塊的大括號的起始位置。

7. 傳址呼叫的參數宣告時必須加上*運算子，而呼叫函數的引數前必須加上&運算子。

8. 我們實際呼叫函數時所提供的參數，通常簡稱為引數，而在函數主體或原型中所宣告的參數，常簡稱為參數。

9. 函數不單只是能夠被其它函數呼叫（或引用）的程式區塊，在C語言也提供了自身引用的功能，就是所謂的遞迴函數。遞迴函數（Recur-

sion）在程式設計上是相當好用而且重要的概念，使用遞迴可使得程式變得相當簡潔，但設計時必須非常小心，因為很容易會造成無窮迴圈或導致記憶體的浪費。通常一個遞迴函數式必備的兩個要件：

(1)一個可以反覆執行的過程。

(2)一個跳出反覆執行過程中的缺口。

國家圖書館出版品預行編目(CIP)資料

零基礎C程式設計入門／數位新知作.--初版.--
臺北市：五南圖書出版股份有限公司, 2023.07
面； 公分
ISBN 978-626-366-170-7(平裝)

1.CST: C(電腦程式語言)

312.32C　　　　　　　　112008645

5R46

零基礎C程式設計入門

作　　者 ― 數位新知（526）

發 行 人 ― 楊榮川

總 經 理 ― 楊士清

總 編 輯 ― 楊秀麗

副總編輯 ― 王正華

責任編輯 ― 張維文

封面設計 ― 姚孝慈

出 版 者 ― 五南圖書出版股份有限公司

地　　址：106台北市大安區和平東路二段339號4樓

電　　話：(02)2705-5066　　傳　　真：(02)2706-6100

網　　址：https://www.wunan.com.tw

電子郵件：wunan@wunan.com.tw

劃撥帳號：01068953

戶　　名：五南圖書出版股份有限公司

法律顧問　林勝安律師

出版日期　2023年 7 月初版一刷

定　　價　新臺幣300元

※版權所有·欲利用本書內容，必須徵求本公司同意※

全新官方臉書

五南讀書趣

WUNAN Books

since1966

Facebook 按讚

 1 秒變文青

★ 專業實用有趣
★ 搶先書籍開箱
★ 獨家優惠好康

不定期舉辦抽獎
贈書活動喔!!

 五南讀書趣 Wunan Books

經典永恆・名著常在

五十週年的獻禮 —— 經典名著文庫

五南，五十年了，半個世紀，人生旅程的一大半，走過來了。

思索著，邁向百年的未來歷程，能為知識界、文化學術界作些什麼？

在速食文化的生態下，有什麼值得讓人雋永品味的？

歷代經典・當今名著，經過時間的洗禮，千錘百鍊，流傳至今，光芒耀人；

不僅使我們能領悟前人的智慧，同時也增深加廣我們思考的深度與視野。

我們決心投入巨資，有計畫的系統梳選，成立「經典名著文庫」，

希望收入古今中外思想性的、充滿睿智與獨見的經典、名著。

這是一項理想性的、永續性的巨大出版工程。

不在意讀者的眾寡，只考慮它的學術價值，力求完整展現先哲思想的軌跡；

為知識界開啟一片智慧之窗，營造一座百花綻放的世界文明公園，

任君遨遊、取菁吸蜜、嘉惠學子！